싱글의 매력은 '나 혼자 산다'는 것

어디에도 얽매이지 않고 호연하게 나의 길을 간다

모든 일의 중심에 이제부터 내가 있다

나를 위해 꾸미고 맛보고 즐기고 사랑하자

나
혼자
살기
완전
정복

나 혼자 살기
완전정복

초판 1쇄 인쇄 · 2017년 4월 15일
초판 1쇄 발행 · 2017년 4월 20일

지은이 · 허태현
펴낸이 · 이준원
펴낸곳 · 책이있는마을
기 획 · 강영길
편 집 · 이경미
디자인 · 권경은
마케팅 · 강영길

주 소 · 경기도 고양시 일산동구 무궁화로120번길 40-14(정발산동)
전 화 · (031) 911-8017
팩 스 · (031) 911-8018
이메일 · bookvillagekr@hanmail.net
등록일 · 1997년 12월 26일
등록번호 · 제10-1532호

I S B N 978-89-5639-279-0 (13590)

이 도서의 국립중앙도서관 출판예정도서목록(CIP)은 서지정보유통지원시스템 홈페이지
(http://seoji.nl.go.kr)와 국가자료공동목록시스템(http://www.nl.go.kr/kolisnet)에서 이용하실 수
있습니다.(CIP제어번호: CIP2017008037)

나 혼자 살기 완전 정복

SINGLE
LIFE
MANUAL

허태현 지음

책이있는마을

차례

Part 4 Investment Techniques

싱글재테크열전

Part 5 Culture
싱글문화생활코칭

내 멋에 산다

1인 가구 시대

각종 매체에서 결혼을 기피하는 독신자를 일컫는 '싱글턴(singleton)'이라는 단어가 심심치 않게 등장한다.
대가족에서 핵가족화된 시기를 지나 바야흐로 1인 가구 시대가 열린 것이다.
대한민국 전체 가구의 34%를 차지하는 740만 1인 가구.
'싱글', '솔로'로 지칭되었던 대다수 1인 가구 세대주들은 이제 '누가 뭐래도', '나만 좋으면 그만'인 라이프 스타일로 고유의 문화를 창출하고 있다.

위풍당당하게 "나는 혼자 산다!"

때로, 마음으로는 혼자 살기를 강렬하게 바라지만 실천하지 못하는 사람들이 있다. "내가 어떻게?"라는 의구심과 소심함으로 중무장하고 스스로의 독립 능력을 평가 절하하는 이들에게 나는 지난 몇 십 년을 반추해 보라고 한다.
돌이 지난 아기들은 두 발로 서고 한 걸음씩 걷기 시작한다. 자신이 원하는 곳, 궁금한 세상을 향해 나아가며 독립된 개체로서의 활동을 한다. 태어나서 일 년이란 시간 동안 '독립'을 위해 놀라운 발달이 이루어지는 것이다. 한 살짜리 아이들도 독립을 위해 한 걸음을 걷는데 하물며 20년 이상, 30년 이상 세상을 살아온 그대가 독립을 못할 이유는 없다고.
단지 익숙해진 부모님의 품, 편안한 집에서 새로운 내일보다 안락한 오늘을 연장하고 싶은 것이라고 말한다.
혼자 살기를 원한다면 일단 나가자! 그리고 위풍당당하게 "나는 혼자 산다!"고 외쳐 보는 것이다.

'혼자서 가라, 혼자서 산다, 혼자서 즐긴다'를 기억하며 명심해야 할 점이 있다.
[혼자]는 다른 사람과 어울리지 못하는 것이 아니고
[혼자]는 무리에서 벗어난 것이 아니고
[혼자]는 외로움에 사무치는 단어가 아니다.
단지,
[혼자]가 편한
[혼자]서도 즐거운
[혼자] 살아가는
방법을 알기에 씩씩하고 용감하게 [혼자] 남은 것이다.

소리에 놀라지 않는 사자처럼
그물에 걸리지 않은 바람처럼
흙탕물에 물들지 않은 연꽃처럼
무소의 뿔처럼 혼자서 가라.

불교 경전 숫타니파아타에 나온 말이다.
고고하고 우아하게, 멋지고 즐겁게 지금부터 혼자서 가보자!

혼자 사는 로망

1인 가구의 다수를 차지하는 20대, 30대 싱글들의 세대별 차이점은 경제력과
시간이다. 20대 1인 가구 중에는 대학교, 대학원 공부 등 경제 활동보다 학업

에 열중하는 이들이 많기 때문이다. 반면, 30대 1인 가구 중에는 사회생활을 하며 안정된 직장과 경제력을 갖춘 이들이 많다.

한마디로 '혼자 사는 로망'을 이루기 위해 20대는 돈이 부족하고 30대는 시간이 부족하다. '시간'과 '돈'을 절충하기 위한 묘안을 찾기란 쉽지 않다. 20대는 많은 시간을 필요로 하는 무엇인가를 하고, 30대는 '돈'으로 이룰 수 있는 삶의 즐거움 한 가지를 찾아보는 것이 방법이 될 수 있다. 그리고 한 가지 더, 자신의 여건에 맞게 혼자 사는 로망을 이뤄보는 것이다.

조용한 방에서 책 한 권을 읽고
혼자 듣는 음악에 심취하고
누구의 방해도 받지 않고 내 멋대로 놀아보는 것이야말로
혼자 사는 삶의 로망이 아닐까.

싱글의 매력은 '나 혼자 산다'는 것.
어디에도 얽매이지 않고 초연히 제 길을 걸을 수 있다는 것이다.
'싱글'을 선택한 이유는 여럿이지만 '싱글'이어서 좋은 점은 비슷하다.
자유를 만끽하며 온전히 자신만의 시간과 공간을 가질 수 있다는 점,
그리고 혼자여서 즐겁고 편안한 생활을 누릴 수 있다는 점 등이다.

싱글을 위한 기술

어린 시절 누구나 꿈꿔본 멋진 어른의 세상을 꾸며보자.
집을 선택하고 가구를 고민하고 한 끼 식사를 만드는
모든 일의 중심에 이제부터 내가 있다.

내 멋대로, 내 마음대로 계획하는 하루를 시작하기 전
조금 더 쉽게 조금 더 알뜰하게 조금 더 즐겁게
살아갈 수 있는 방법을 알아보자.

이 책은 독립선언 싱글들을 위한 기본적인 생활의 지침을 담고 있다. 독립을
결심하고 살림을 이루며 의식주를 해결해 나가는 싱글 생활 가이드인 셈이다.
더불어 숱한 대한민국 싱글들이 각자의 고민과 능력, 이야기를 풀어내고 있다.

싱글 라이프의 혼자 사는 매뉴얼.
나를 위해 꾸미고 맛보고 즐기고 사랑하는 법,
이 시대 1인 가구를 위한 싱글 탐구, 그 생활의 기술을 안내한다.

Part 1

혼자서 잘 사는 방법
혼자 사는 사람, 삶, 사랑

'나홀로 족', '솔로 이코노미', '싱글 마케팅'이라는 신조어의 산파 역할을 하며 문화, 경제, 정치의 흐름을 선도하기 시작한 1인 가구, 싱글턴(singleton)이라 불리는 그들은 누구일까.

"왜, 혼자 사니?"

흔히 대한민국에서 남의 관심 안 받고 살기 위해서는 몇 가지 조건이 필요다고 한다. 대학을 나와 번듯한 직장을 다니고, 제때 결혼해서 아이를 둘쯤 낳아야 이러쿵저러쿵 간섭을 안 받는다는 것이다.

수험생 시절에는 "공부는 잘 하고 있니?"

대학에 가서는 "취업 준비는 잘 되고 있니?"

직장을 다니면 "결혼은 언제 하니?"

결혼하고 신혼을 즐기면 "아이는 언제 낳니?"

아이 하나 낳고 한숨 돌리면 "아이가 둘은 있어야지!"

이렇게 시시때때로 부지런히 참견해 주는 사람들이 주위에 넘쳐난다는 이야기다. 정(情)이라는 말로 포장된 불필요한 관심.

행복의 조건을 대다수 사람들이 살아온 인생 과업에 맞추어 재단하는 것은 동서고금을 막론하고 공통된 사항인 듯하다.

미국 캘리포니아대 교수이자 사회심리학자인 벨라 드파울로 박사는 『싱글리즘』이라는 저서에서, 현실 속에서 차별을 겪는 사람들은 결혼한 남녀가 아니라 싱글들이라며 진지한 연인관계를 맺고 있지 않은 사람들은 차별받고 무시당한다고 했다. 이혼, 사별 등 어떠한 이유에서 싱글이 되었든 간에 모든 싱글들을 낙인찍는 행위는 21세기의 보편화된 문제점 가운데 하나라며, 이런 사회적 편견을 싱글리즘(singlism)이라고 불렀다.

싱글을 향해 "왜, 혼자 사니?"라고 묻는 사람들 중에 대다수는 '왜'라는 의미를 궁금해 하는 부사로서의 질문이 아닌, "왜! 아무도 없으니 혼자 살겠지?"라는 속뜻을 숨긴 감탄사로 쓰기도 했다.

하지만 시대가 바뀌고 있다.

혼자 살기를 선택하는 사람들이 늘고 있는 것이다. 1인 가구로의 독립을 용감한 선택으로 받아들이던 시대도 지났다. "왜, 혼자 사니?"를 묻던 시대에서 "너도 혼자 사니?"라는 질문을 받을 만큼 현대 사회에서는 1인 가구의 탄생을 익숙한 삶의 형식으로 받아들이기 시작했다.

'혼자서 살림하는 가구, 즉 1인이 독립적으로 취사, 취침 등 생계를 유지하고 있는 가구'

사회복지학사전에 나온 '1인 가구(one person household)'에 대한 정의이다. 싱글, 독신, 솔로, 기러기 아빠로 통하던 1인 가구의 세대주들이 사회 주류로 떠오르고 있다. 이들을 위한 텔레비전 프로그램이 인기를 끌고 편의점 도시락 상품이 불티나게 팔리며 가전매장에는 초소형 일인용 최첨단 전자 제품이 베스트셀러 목록에 오르는 시대가 됐다. 혼자서 기본적인 의식주를 해결하고 문화를 즐기는 이들의 수는 1980년대만 하더라도 전체 가구의 4.8%를 차지할 정도였다. 하지만 2010년 23.9%로 약 5배 증가한 데 이어 2016년 통계에 따르면 34%를 웃도는 수치라는 자료가 나왔다. 세 가구당 한 가구가 혼자 사는 가구라는 이야기인데 1인 가구의 증가는 우리나라만의 이야기가 아니다. 일본도 전체 가구 수에서 1인 가구가 차지하는 비중이 30%가 넘고, 미국은 28%에 이르고 있을 만큼 혼자 사는 것은 세계적인 트렌드로 주목받고 있다.

740만 1인 가구, 그들은 누구인가

'나홀로 족', '솔로 이코노미', '싱글 마케팅'이라는 신조어의 산파 역할을 하며 문화, 경제, 정치의 흐름을 선도하기 시작한 1인 가구, 싱글턴(singleton)이라 불리는 그들은 누구일까.

1인 가구가 증가하게 된 배경을 살펴보면 다음과 같다.

첫째로, 여성의 사회 진출과 경제력, 사회적 지위 향상을 꼽을 수 있다. 결혼과 출산, 육아로 이어지던 여성의 전통적인 삶의 패턴은 교육 수준이 높아지면서 일대 변화를 맞이했다. 아이를 키우기보다 자신의 꿈을 키우기를 원하는 여성들의 행보가 1인 가구의 증가와 비례하고 있는 것이다.

둘째로, 가족 집단의 변화이다.

3대 이상이 모여 살던 대가구에서 부부 중심, 부부와 미혼 자녀만으로 이루어진 핵가족으로의 변화가 산업 발전기에 이루어졌다면, 첨단 통신 세대부터는 핵가족에 머무르던 미혼 자녀가 독립을 이뤄 홀로서기에 들

어선 후 혼자 사는 삶에 대해 긍정적인 면을 발견하기 시작한 것이다. 집단과 가족 중심이었던 사회의 기초 단위가 개인 중심으로 바뀌면서 자연스럽게 성인기의 독립이 1인 가구의 탄생으로 이어지고 있다.

셋째로, 개인주의의 확산과 가치관의 변화이다.

경제적 자립도가 높아지면서 혼자만의 신체적, 정신적 자유를 누리며 부양의 의무와 가사 노동의 부담을 기피하는 현상이 늘고 있다.

결혼의 딜레마

"결혼은 해도 후회, 안 해도 후회!"

셰익스피어가 남긴 말이다. 세계적인 대문호에게도 결혼이란 뚜렷하게 정의 내릴 수 없는 아리송한 영역이었던 모양이다.

1인 가구 증가는 언제나 결혼율과 함께 거론된다. 즉, "왜 혼자 사니?", "누가 혼자 사니?"라는 질문에 대해 사람들이 추측하는 답이 결혼과 연관되어 있다.

현대에도 20대와 30대, 1인 가구 중에는 결혼이라는 화두로 고민하는 이들이 많다. 결혼 적령기를 앞둔 수많은 청춘 남녀들이 제 짝을 찾아 나설 때, 그간 자신의 삶에 만족해 온 1인 가구, 싱글턴들은 남다른 딜레마에 빠진다. 결혼과 자유, 공유라는 명제를 두고 심각한 고민을 하는 것이다.

서른이 넘어가며 그토록 절실히 결혼을 원하던, 자취생활 10년차 친구, K의 이야기다. 원하는 조건의 남자로부터 꿈에 그리던 프러포즈까지 완벽하게 받았지만 결혼을 앞둔 K의 얼굴은 행복한 예비 신부의 낯빛이 아니었다.

"도대체, 왜?"

그동안 돈을 쓸 때도 마음대로, 휴가를 갈 때도 마음대로, 무엇이든 원하는 대로 마음 가는 대로 행동해 온 삶의 패턴에 변화가 왔음을 현실적으로 느꼈기 때문이다. 신혼집 선택부터 가전, 가구 고르기, 양가 챙기기와 돈 관리 등 하나부터 열까지 온전히 자신이 선택할 수 있는 영역이 없었다. K는 예비 신랑과 결혼을 준비하며 상의하고 합의하며 때로는 싸우는 과정을 겪으면서 뒤늦게나마 결혼에 대해 진지하게 고민하게 되었다는 이야기를 했다.

더불어 20대의 홀로서기는 외로움과 궁핍함이 동반되었지만 30대의 홀로서기는 달랐다고 했다. 경제력이 생겼고 가치관이 뚜렷해졌다. 자신의 주관이 가리키는 방향으로 선택하고, 스스로를 책임지는 데 익숙해진 싱글의 삶에 '결혼'이라는 극적인 변화가 찾아온 것이다. 독신자들이 가장 많이 받는 질문 '결혼', 젊은 1인 가구 청춘들에게 좋든 싫든 '결혼'은 익숙해져야 하는 단어임이 분명하다.

개인의 사회

결혼을 통해 한 집에 2인 이상의 가족 단위가 거주하던 가구의 형태에서 한 가구에 한 사람이 사는 집이 늘어나면서 사회의 양상도 변화를 보이고 있다. 이른바 '개인의 사회'로의 전환기를 맞이한 것이다. 삶의 가치관과 문화, 경제 활동 전반에 걸쳐 지극히 개인적인 1인 중심의 사회가 결성되고 있다. 단적으로 드라마나 영화를 보더라도 알 수 있다.

각종 드라마와 영화 속 1인 가구의 삶을 살펴보면 대부분 전문 직종의 직업군을 갖고 빼어난 패션 감각을 자랑하며 반짝반짝 윤기 나는 집에서 아침에는 아메리카노 한 잔을, 밤에는 와인 한 잔을 들이키며 혼자만의 세상에서 멋지게 살아간다.

1인 가구를 바라보는 사회적인 시각이 변하고 있는 것이다. 더 이상 궁상맞은 독거 생활이나 하는 사회적 소외 계층이 아니다. 나날이 놀라운 양상을 보이고 있는 '개인의 사회'.

혼자 살기에 딱 여유로울 만큼의 경제력을 가진 싱글들은 이른바 '돈의 힘'으로 시장을 사로잡고 있다. 덕분에 수많은 기업들은 '1인 가구, 고마워요!'를 외치고 있다. 타인의 삶을 존중하고 인정하는 사고도 늘고 있다. '너는 너대로', '나는 나대로'를 외치며 서로에게 피해와 간섭, 더불어 배려도 최소화한다는 흐름이 생겨나고 있다.

하지만 아직 1인 가구로 살기에 녹록지 않은 부분도 있다. 주거 불안정과 경제적인 어려움, 외로움과 사회의 편견과 차별이 남아 있기 때문이다. 무관심과 이기주의는 앞으로 20~30년 후, 1인 가구 세대의 문제점을 예측하게 만든다. 고소득과 저소득 가구의 양극화, 독거 노인 증가 및 이에 대한 사회적 비용 발생은 개인의 사회에서 고민해야 할 숙제이기도 하다.

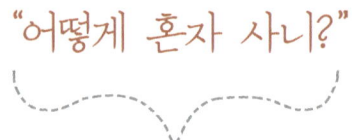

"어떻게 혼자 사니?"

결혼, 차별, 편견이라는 장벽을 넘어, 그럼에도 불구하고 1인 가구로 살아남겠다는 이들은 '폼생폼사' 내 멋에 살겠다는 확고한 결심과 단칸방이라도 '나만의 우주'를 갖겠다는 포부를 품고 1인 가구 세계에 첫발을 내딛는다. 하지만 이들을 기다리는 것은 사시사철 냉기 품은 세상의 차가운 현실이다.

군대와 대학 졸업을 거쳐 28살 취업과 함께 독립을 선언한 회사원 C. 대학 시절에는 아르바이트와 장학금으로 학비를 충당했을 만큼 성실했고 군대 시절에는 최전방에서 힘든 보직을 맡았지만 씩씩하게 군 생활을 마쳤다. 졸업과 함께 대기업 취업이 확정된 후 C는 의기양양해졌다.

지금까지 겪어온 경험에서 우러나온 자신감은 자부심이 되었고 앞으로의 미래를 꿈꾸며 자신은 평균 이상의 삶을 살 수 있으리라는 확신도 가지게 되었다.

하지만,

독립의 관문은 절대 쉽지 않았다. 처음에는 교통편 등을 고려해 강남에 자그마한 전셋집을 구해 보겠다고 생각했지만 '헉' 소리가 절로 나는 시세에 단념했다고 한다. 결국 우선순위로 정해 놓은 지역에서 밀리고 밀려 수도권 어느 빌라에 터를 잡았다. 자신이 원하는 지역에 단 한 칸의 집도 구할 수 없다는 현실이 C를 처음으로 좌절하게 했다.

"어디에 사니?"

이처럼 1인 가구에게 어디서 살아야 하는지에 대한 문제는 독립 가구로서의 첫 고민이자 잘 끼워야 하는 첫 단추와도 같다. 부동산 계약서에 도장을 찍고 입주를 하고 살림을 늘려가며 수많은 오류를 경험하게 되지만 집이야말로 나만의 라이프 스타일을 확립하게 되는 무대가 되기 때문이다.

"무엇을 먹니?"

1인 가구, 싱글들에게 생활 터전이 생겼다면 그 다음 고민은 먹고 사는 문제이다. '먹고 산다'라는 말에는 많은 의미가 압축되어 있다. 어감에서 직접적으로 해석할 수 있듯이 아침, 점심, 저녁 식사를 어떻게 해결해야 할지에 대한 문제이기도 하지만 먹고 살기 위해 필요한 '돈', 먹고 살기 위해 필요한 '살림' 등이 전반적으로 포함되어 있는 것이다.

"행복하니?"

퇴근 후 냉기와 어둠으로 꽉 찬 집안에 들어서며 느낄 감상은 사람마다 다르다. 적어도 이 순간에 '혼자만의 공간'에 왔다는 안도감을 느낄 수 있다면 성공한 싱글이 아닐까. 쓸쓸함과 외로움 대신에 여유와 자유라는 수식어를 '싱글' 앞에 붙이기 위해서는 꽤 많은 노력이 필요하다.

싱글로서 행복해지기 위한 방법, 삶의 만족도를 높이는 방법은 어디에 있을까. 답은 바로 나에게 있다.

내가 사는 집을 가꾸고, 나의 먹을거리를 다듬고, 나의 돈을 관리하고, 나의 여가를 계획하는 일련의 과정은 온전히 '나'를 위한 시간이 된다. 나를 위해, 자신에게 인정받기 위해 꾸려나가는 살림살이 과정에서 앞으로의 계획과 미래의 꿈이 다져질 수 있다.

하지만 주위 대부분의 싱글이 가구주가 되기까지 우왕좌왕 길을 잃고 실수하게 된다. 어렵지 않아 보이던 집 구하기, 엄마가 매일 해 주던 밥, 가족이라는 연대 속에서 느꼈던 소속감과 함께 즐기던 문화 생활을 '혼자의 힘'으로 하다 보면 막막해지고 막연해질 수밖에 없는 노릇이다.

때문에 1인 가구 생활에는 기술이 필요하다.

누구나 처음부터 잘할 수는 없지만 성인이라면 잘할 수 있는 방법을 찾아 볼 수 있다.

모든 일에는 순서가 있는 법. 야무지게 싱글 라이프를 유지하는 데에도 순서와 기술이 필요하다. 지금부터의 집 구하기부터 문화와 여가를 즐기기까지 그 A to Z, 혼자서 잘 사는 방법을 단계별로 알아보자.

Part 2

Home & Living

{ 싱글 라이프의 첫 출발은 '나만의 공간 만들기'다.
'독립'이라는 '꿈'을 실현시켜 줄 무대. '내 집'을 구하기 위한 첫 출발과 살림살
이 비법에도 순서가 있다. 싱글보금자리론. 내 집에 사는 기술을 공개한다.

싱글보금자리론

"집을 나와야겠어!"

잡지사에 근무하는 선배가 문득 전화해 남긴 말이었다. 뜬금없는 가출 선언이었다.

1979년 12월생인 선배는 술만 먹으면 아쉽게 80년생의 문턱을 넘지 못한 것을 한탄하곤 했는데, 그녀가 우리나라 나이로 34살이 되던 2012년 12월. 자의적 미혼을 고집하던 선배는 서른세 돌을 맞이하며 이제는 집에서 나와야겠다는 생각이 들었다고 했다.

"집을 나올래."

이런 이야기에 나의 첫 번째 리액션은 "응?"

이해와 의문이 복잡 미묘하게 섞인 뜬금없는 이야기에 꽤 적절한 반문이었다.

"집을 나와야겠다고!"

하며 재차 강조하는 선배에게 나의 다음 대답은 '왜?'였다.

이제야 기다렸던 질문이 나왔다는 듯 선배는 답했다.

"폼이 안 나!"

라는 대답과 함께한 부연은 이러했다.

자의적 미혼의 삶을 살며 진정한 독립을 이루지 못한 것은 나약한 정서와 유아기적 의존 욕구를 버리지 못한 나태함이라는 것이었다.

마치 독립을 꿈꾸는 투사와 같이 결연하게 말을 이어가던 선배에게 나는 간단하게 정리해줬다.

"마음대로 해."

이후, 선배는 부동산에 관심을 갖고 은행을 제집처럼 다니며 '독립만세'를

외치기 위해 부단히 노력했다. 마침 일이 없어 한철 쉬고 있던 '나'는 날이면 날마다 운전기사와 짐꾼 노릇을 해야 했다. 집을 나와야겠다는 선언에서 시작된 독립 일기의 팔 할은 한숨으로 쓰였다 할 정도로 결코 만만치 않았다.

"집만 구하면 될 것 같지?"

이후, 딱 삼 개월이 지나고 이번에는 후배 하나가 독립을 하겠다며 이전에 선배와 같은 이야기를 나에게 전해 왔다.

이번에도 "마음대로 해"라는 나의 이야기에 후배의 다음 말은 참견을 안 할 수 없게 했다.

"일단 집부터 구하려고요."

"하하하!"

웃음이 나왔다. 월말이면 카드 값에 허덕이고 저금이란 말에 코웃음치던 후배의 모습이 떠오른 것이다.

"집만 구하면 될 것 같지?"

철부지 싱글은 나의 물음에 새초롬한 눈빛을 보냈다.

"너 얼마 있니?"

"돈이요?"

"그래, 돈!"

그래, 돈! 돈! 돈!

현실적으로 독립의 시작은 집 구하기가 아니라 돈이다. 성인의 독립에 '돈'
온 필수적으로 수빈되어야 하는 필수 요건이었던 셈이다. 만약 독립에 필요한 다른 항목은 제치고 일단 보증금이라도 마련되었다면, 1인 가구로의 출발은 꽤나 순조로울 수 있다.

내 집에 산다

싱글 입문을 위해 누구나 거쳐야 하는 '내 집 구하기'. 천정부지로 솟은 대한민국 집 값을 마주하며 지독한 현실에 눈 뜨는 순간이기도 하다. 내 집에 살기 위한 집 구하기 기술! 정신 바짝 차리고 나만의 보금자리를 찾기 위한 독립 프로젝트를 시작해 보자.

집 구하기의 기술

독립 프로젝트 1단계 – '나'의 경제 수준은?

보증금은 예금으로 월세는 월급으로

집을 구하는 유형은 주로 세 가지다. 매매, 전세, 월세. 이외에도 반전세와 전전세 등의 방법이 있지만 주로 싱글들이 선택하는 첫 번째 방법은 월세다.

몇 년째 이어지는 가파른 전세난과 거품 물은 집값으로 그나마 괜찮은 월세 구하기도 어려운 실정이지만, 잘 찾아보면 조금 덜 부담스러운, 조금 더 만족스러운 집을 찾을 수 있다. 이때 가장 중요한 작업은 역시나 자신의 경제 수준을 정확하게 파악하는 것이다.

고금리 시대인 만큼 보증금은 최대한 갖고 있는 자산으로 마련하는 것이 좋기 때문이다. 일단, 계산기를 옆에 놓고 통장을 꺼내며 현재 자산을 면밀하게 파악한다.

'보증금은 예금으로, 월세는 월급으로' 한다는 것은 싱글이라면 본능적으로 알 수 있다. 대충 보증금으로 쓸 수 있는 금액이 나오고 만약 대출이 필요한 상황이라면 전세와 매매도 고려한다. 대출 이자가 월세 부담액보다 적다면 전세 또는 매매를 선택하는 것이 현명할 수 있기 때문이다. 집을 구하는 경비와 유지비를 고려해 매달 지출되는 금액을 계산하고 장기적인 안목을 더해 가장 부담이 적은 선택을 한다.

단 보증금 비용을 산출할 때 매달 지출하는 생활비도 예상을 해야 한다는 것을 잊지 말자!

부동산 시세 파악하기

그 다음, 컴퓨터를 켜고 부동산 시세를 살펴본다. 포털사이트의 부동산 카테고리를 참고할 수 있고 매매를 염두에 둔다면 국토교통부 실거래가 사이트를 참고할 수 있다.

'국토교통부 실거래가 사이트 (http://rt.molit.go.kr/)'에서 실제 거래된 부동산 매매 금액을 확인할 수 있다.

독립 프로젝트 2단계 – 집을 찾아라!

이제
잠깐의 여유를 갖고 어떤 집에 살지 상상해 본다.
거실이 넓은 집?
베란다가 있는 집?
이런저런 생각으로 싱글 생활의 로망을 품어 보는 거다.
그리고 다시 한 번 정신 차리고 심기일전!
나만의 드림하우스를 찾기 시작한다.

집 구하기, 계획이 반이다

나만의 드림하우스 구하기, 독립 프로젝트의 두 번째 단계는 어떤 집에
살지 생각하는 것이다. 싱글에게는 스스로의 주관과 결단이 필수적인
만큼 사전에 꼼꼼하게 생각하고 계획하는 것이 중요하다. 오직 나만을
위한 집을 구하기 위해서는 많은 고민과 정보가 필요하다. 대부분 장기
거주를 목표로 하며 계약과 목돈이 오고가는 작업이므로 사전에 언제,
어디에, 어떻게 살지에 대해서 충분히 생각한다.
나만의 공간을 위한 준비 작업은 현실적으로 매우 힘들다. 우선 금전적
인 부분, 주거 환경, 집의 형태 등에 대한 준비 작업을 숙지하지 않고서
는 나만의 공간 확보는 간단치 않다.
지금부터 집 구하기를 위해 필수적으로 점검해야 할 사항과 항목을 알
아보자.

집 구하기 전 체크리스트

항목	내용
직장 또는 학교와의 거리	집을 구할 때 가장 중요하게 고려해야 할 것 중 하나가 동선이다. 직장 또는 학교와의 거리가 멀다면 경제적, 시간적인 소모가 많아질 수 있다. 자신의 하루 일과를 고려했을 때 출발 또는 도착이 되는 지역 또는 중간 지점 등을 우선순위에 둔다. 더불어 폭우, 폭설이 내렸을 때를 고려해 출퇴근과 등하교 시간에 지장이 적은 지역을 선택한다.
교통 수단	주로 이용하거나 필요로 하는 교통 수단을 파악한다. 버스 노선이나 지하철 노선을 참고하고 첫차와 막차 시간도 알아둔다. 만약 주로 이용하는 교통 수단을 불가피하게 이용하지 못할 경우에는 어떤 대체 수단이 있는지 알아두는 것이 좋다.
필요 면적	혼자 살지 또는 다른 사람과 함께 살지에 따라 필요한 면적(평형)이 달라진다. 집에서 별도의 작업이 이루어지거나 인터넷 사업을 부업으로 하는 경우에는 별도의 창고가 필요할 수 있으므로 필요 면적을 염두에 두고 선택한다.
공간 활용	작은 집일수록 공간 활용에 대한 고민이 필요하다. 기본적으로 휴식을 취하는 공간, 공부나 일을 하는 공간으로 활용된다. 공간 활용에 대한 우선순위에 따라 침대 사이즈가 퀸에서 싱글 바뀔 수 있다.
집의 유형	집에는 여러 유형이 있다. 크게 오피스텔, 아파트, 주택으로 나뉘는데 각각의 장단점이 있다. 집의 유형을 선택하는데 영향을 미치는 가장 큰 요인은 '돈'이므로 자신의 경제 상황 등에 따라 폭넓게 알아보고 결정한다.
매매 유형	집을 매매할지, 전세나 월세로 살지 결정한다. 매매 유형을 선택하기 전에 집에 지출할 수 있는 최대 비용은 얼마인지부터 계산한다.

1인 가구를 위한 주택

4가구 중 1가구 꼴로 늘어난 1인 가구 증가 추세에 따라 공공 원룸주택 공급을 통해 독신자 주거난 해소에 나섰다. 공공원룸주택은 역세권과 교통 편의를 고려해서 지었기 때문에 갈수록 인기가 높아지고 있다. 대부분 기초생활수급자, 한부모 가족, 도시근로자 평균소득 50% 미만, 대학생 등을 우선 순위 대상으로 하며 생활편의 시설 및 대중 교통을 편리하게 이용할 수 있다는 지리적 이점이 있다. 또한 1인 가구를 위한, 도시형 생활주택은 20~30대 싱글족을 겨냥해 IT 기반 시설을 갖추고 있고 청소, 세탁 등 기본 서비스를 제공한다. 주변에는 카페, 식당, 세탁소가 모여 있어 싱글들의 라이프 스타일에 맞춘 생활 편의 시설을 이용할 수 있다. 거주 예정 지자체의 독신 가구 주택 지원 정보에 대해 사전에 알아보는 것이 중요하다.

부동산으로 가? 직거래로 해?

어떤 집에 살아야 할지 윤곽이 그려졌다면 이제 본격적으로 살 집을 알아봐야 한다. 집을 알아보는 방법은 크게 두 가지다. 바로 '부동산'과 '직거래'. 만약 집 구하기 초보자라면 일찍이 두 가지 방법 중 부동산을 통해 알아보기를 권한다. 시간적 여유가 많고 조금 더 저렴한 가격에 집을 알아보기를 원한다면 '직거래'도 괜찮은 방법이다. 생각하는 기준에 적합한 집이 나오면 과감한 결정도 필요하다. 우왕좌왕하는 사이 괜찮은 집이 훅! 시간도 훅! 날아갈 수 있기 때문이다.

부동산으로 집 알아보기

살고자 하는 동네를 천천히 둘러보며 부동산 2~3곳과 상담을 받아본다. 사전 정보 없이 부동산을 선택해야 하는 상황이라면 규모가 큰 부동산, 주거지와 인접한 곳의 부동산 그리고 오래되어 보이는 부동산을 선택하도록 한다. 규모가 큰 곳은 네트워크 형성이 잘 되어 있을 수 있고 주거지와 인접한 부동산은 살고자 하는 곳의 매물을 많이 보유했을 수 있고 오래된 부동산은 분위기는 조금 퀴퀴할지라도 오랫동안 신뢰를 유지하며 거래를 성사시켰을 가능성이 있기 때문이다.

직거래로 집 알아보기	직거래로 집을 알아보는 방법은 포털사이트의 부동산 정보나 인터넷 커뮤니티, 지역 정보지 등을 참고할 수 있다. 이때, 사전에 아파트 거래 시세에 대한 정보를 파악하는 것이 중요하다. 또한 인터넷을 통해 거래를 진행할 때는 글쓴이의 전화번호나 ID로 이전에 작성한 게시물이나 댓글을 검색해 보도록 한다.

집 둘러보기

부동산이나 직거래를 통해 집을 둘러볼 때 주의 및 참고해야 할 사항이 있다. 되도록 집은 혼자 보러 가기보다 가족이나 지인과 함께하도록 한다. 함께 보는 사람이 좀 더 객관적으로 집을 볼 수 있기 때문이다. 무엇보다 집을 계약하는 것은 목돈이 오고가고 앞으로 주거해야 하는 공간을 결정하는 일이므로 꼼꼼하게 집 안팎을 살펴보도록 한다.

앞서 말한 선배는 집을 보러 다닐 때, 교정 원고보다 더 눈 빠지게 속속들이 이곳저곳을 살펴봤다. 심지어 물탱크의 위치까지 점검하는 꼼꼼함을 발휘했는데 집을 보러 다닐 때 아무리 귀찮고 바빠도 이것만큼은 꼭 점검하는 것이 좋다.

집 밖에서는
남자든 여자든 흉흉한 세상이다. 집 주위에 마트나 편의점은 있는지, CCTV가 설치된 곳을 파악하고 경사가 있는지 등을 살펴본다.

건물에서는
계단의 높이는 어떤지, 주차장은 잘 되어 있는지, 지하 주차장은 어떤 방식인지, 경비실이 있는지, 건물 출입 보안은 어떤지 등을 살펴본다.

집에서는
물이 잘 나오는지, 누수가 되는 곳은 없는지, 깨진 유리창은 없는지, 햇빛이 잘 드는지, 곰팡이가 피는 부분은 없는지, 구조는 어떻게 되어 있는지, 싱크대는 쓸 만한지, 화장실 타일은 깨지지 않았는지 등을 살펴본다.

계약하기

살고자 하는 집을 결정했다면 이제 계약이 남았다. 매매, 전세, 월세 등 주택 계약 시 점검해야 할 사항은 아래와 같다.

등기부등본

계약할 집의 주소로 등기부등본을 확인한다. 소유자가 실제 소유자인지, 가압류, 저당권, 경매, 전세권 등의 권리 관계를 확인한다. 가까운 주민센터나 대법원 홈페이지(www.iros.go.kr)에서 확인할 수 있다.

계약서

계약을 할 때는 반드시 등기부등본 상 집주인의 인감증명서를 확인하고 대리인일 경우 위임장을 받은 후 집주인에게 위임 사실을 확인한다. 또한 집의 하자, 보수와 관련된 사항은 계약서 특약사항에 반드시 명시한다.

확정일자

계약에 따른 잔금을 모두 치르면 임대계약서를 갖고 관할 주민센터를 방문해 전입신고와 함께 확정일자를 신청한다. 확정일자란 전, 월세의 보증금을 법적으로 보호받을 수 있는 것으로 집주인 동의 없이 무료로 신청할 수 있다.

• 확정일자가 중요한 이유는?

주택임대차보호법의 보호를 받기 위해서는 전입신고, 실제 거주, 확정일자가 필수 요건이다. 전입신고는 주민센터, 인터넷 등을 통해 거주지로 주소 이전을 해 놓는 것을 말하고, 실제 거주는 전입신고 당사자가 해당 주소지에 실제 살고 있는 것을 말한다. 주민센터, 등기소 등에서 주택임대차계약을 체결한 날짜를 확인해 주기 위해 임대차계약서상에 그 날짜가 찍힌 도장을 찍어주는데 확정일자를 받은 날짜에 해당 문서가 존재했다는 사실을 입증하는 것이다.

임차주택이 경매 또는 공매 시 임대차계약증서상 확정일자를 갖춘 임차인이 기타 채권자보다 우선하여 보증금을 변제받을 수 있는 주택임대차보험법 상의 권리(우선변제권)가 생긴다.

• 알아두면 쓸 만한 부동산 상식

전세권 설정 등기

전세권 설정은 전세금을 지급한 전세권자가 그 부동산의 용도에 따라 사용 및 수익할 수 있는 것으로 집주인의 동의와 함께 별도의 서류가 필요하며 별도의 비용이 발생한다. 전세권 설정은 반드시 등기를 해야 효력이 발생하는데 전세권을 설정 등기하면 집주인의 동의 없이도 전세권을 양도하거나 전전세를 할 수 있다. 전세권 설정 등기를 한 전세권자는 계약기간이 끝났는데도 보증금을 돌려받지 못한 경우, 별도의 소송이나 판결 없이도 직접 경매를 신청할 수 있다.

부동산 중개수수료

부동산 중개를 한 대가로 부동산 중개업자가 받는 수수료를 말한다. 한국공인중개사협회(www.kar.or.kr)에서 법정 부동산 중개수수료를 확인할 수 있다.

부동산 면적

2007년 정부에서 공식적으로 단위환산법이 개정된 이후 부동산 단위는 ㎡(제곱미터)만 사용하고 있다. 이전에 사용되었던 '평' 단위는 사람 한 명이 누워서 잘 수 있는 면적 정도로 가로 1.818m, 세로 1.818m의 면적이다. 1평은 3.3058㎡(제곱미터)이며 1㎡(제곱미터)는 약 0.3025평이다. 평을 제곱미터로 환산하는 공식은 다음과 같다. [평 x 3.3058 = ( )㎡(제곱미터)] 이며 제곱미터를 평으로 환산하는 공식은 [㎡(제곱미터) x 0.3025 = ( )평]이다.

잠깐, tip

'월세도 아닌, 전세도 아닌' 반전세는?

반전세란 보증금에 매달 임대료를 내는 보증부 월세와 동일한 개념으로 전세값 상승분을 월세로 돌리는 경우를 말한다. 부동산시장이 침체되고 저금리 상황이 지속되면서 집주인들이 월세를 선호하는 추세다. 이로 인해 전세에서 반전세로 전환하는 사례가 늘고 있는데, 반전세로 전환할 때 새로이 계약서를 작성해야 하며 확정일자도 다시 받아야 한다.

독립 프로젝트 3단계 – 보금자리 옮기기

계약 OK! 이사 OK!

드디어 나만의 보금자리에 자리를 잡았다면 본격적인 홀로서기가 시작된다. 서류상의 주소 정리와 공과금 납부, 분리 수거일 등을 확인한다.

전입신고

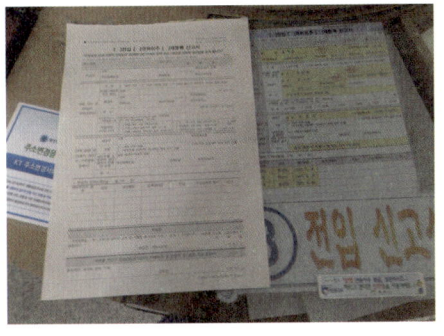

새로운 거주지에 전입한 날부터 14일 이내에 관할기관에 주소지 이전과 등록을 신고한다. 주민등록증을 지참하여 주민센터를 방문해 전입신고서를 작성한 후 제출하면 즉시 처리된다. 본인의 경우 정부민원포털사이트인 민원24(www.minwon.go.kr)에서도 처리 가능하다.

주소변경

의료보험증, 운전면허증 등 각종 신분증에 기재된 주소를 변경한다.

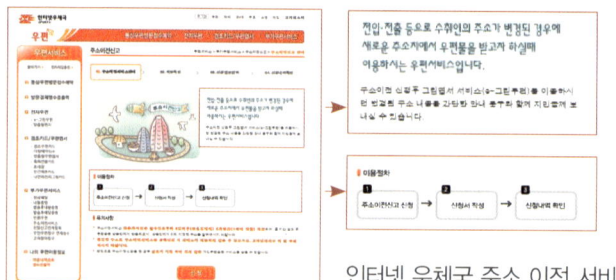

인터넷 우체국 주소 이전 서비스

(주소 이전 서비스 신청 : 인터넷 우체국(http://www.epost.go.kr/), 우편 카테고리에서 우편물 주소 이전 서비스를 신청하면 3개월간 변경된 주소로 우편물이 배송된다.)

공과금 확인

새로운 집으로 이사하기 전 전기세, 가스비, 수도세 등의 공과금이 제대로 정산되었는지 확인해야 한다. 각각의 정산 내용은 다음과 같은 방법으로 확인할 수 있다.

수도세는 수도 계량기의 숫자를 확인한 후 수도 공급업체에 전화 문의하여 정산할 수 있다. 가스비는 도시가스 계량기의 검침 숫자를 확인한 뒤 해당 공급업체에 문의한다. 또한 가스레인지를 설치할 경우 미리 업체

에 설치 방문을 요청한다. 전기 요금 조회는 한국전력공사 고객센터 123번으로 문의하면 된다. 소재지를 알려주고 계량기 번호를 불러주면 정산 가능하다.

분리 수거일

새로운 거주지에서 플라스틱, 종이류 등 재활용 쓰레기의 분리 수거일을 기억한다. 또한 이사시 발생하는 폐가전, 폐가구의 처리 방안에 대해서도 사전에 고민해 본다. 요즘에는 자원 재순환을 목적으로 중고업체가 무료로 수고해 가기도 하므로 인터넷 등을 통해 관련 정보를 조사해 보는 것이 좋다. 만약 가전, 가구를 버려야 하는 상황이라면 스티커 구입을 잊지 말자. 더불어 음식물 쓰레기를 어떻게 처리하는지 미리 알아두도록 한다.

독립 프로젝트 4단계 – 안전하게 살기

늦은 밤, 아무도 없는 거리를 걸을 때 누군가 내 뒤를 따라오는 느낌과 서늘한 기운.

혼자 사는 여성들은 밤이 무섭다. 어둠 속 표적이 되지 않을까 노심초사하는 이들에게 늦은 귀가길 아찔한 에피소드는 더 이상 남의 이야기가 아니다. 혼자 사는 생활의 기본, '안전하게 살기' 위한 기본 수칙을 알아보자.

동네 탐방하기

이제 본격적으로 자립 생활 적응을 시작해야 할 시기다. 산책 겸 동네를 거닐며 탐방해 본다. 동네에 지구대, 관공서, 은행, 마트 등이 어디에 있는지 위치를 파악하고 출, 퇴근 또는 통학 시간이 늦다면 집까지 오는 안전한 거리를 숙지한다. 으슥한 거리를 피해 사람들이 많이 지나다니는 길을 사전에 알아두도록 한다.

방범의 기술

해가 갈수록 늘어나는 강력 범죄들. 여기에 불특정 다수를 겨냥한 '묻지마 범죄'도 횡포를 부리고 있다. 갈수록 흉악해지는 사건과 사고 속에서 스스로를 지키는 방법을 알아보자.

1. 가까운 거리를 나갈 때도 문단속하기

집 앞에 쓰레기를 버리러 나갈 때도 문을 잠그는 것을 잊지 말자. 만약 열쇠를 갖고 다니기가 번거롭다면 전자 도어를 설치하고 보조키를 사용한다. 현관문에 우유 투입구가 있다면 주머니로 대체하고 열리는 부분을 막는다. 현관문만큼 집에 있는 창문도 잘 잠그는 것은 방범의 기본이다. 창문 경보기를 부착해 외부인의 침입을 막는 방법도 있다.

2. 우편물 수거하기

우편함에 우편물이 계속 쌓여 있다면 빈집처럼 보일 수 있다. 또한 세대주의 이름이 노출될 수 있으므로 우편물을 바로바로 수거하도록 한다. 중요한 우편물이 자주 오는 경우에는 가까운 철물점에서 자물쇠를 구입해 채우도록 한다.
참고로 우편물이나 택배를 버릴 때, 주소와 이름이 적힌 부분을 잘게 오리거나 찢어서 버리는 것을 잊지 말자.

3. 커튼과 블라인드 설치하기

층수가 낮거나 주택 간의 간격이 좁으면 집 안의 모습이 보일 수 있으므로 커튼과 블라인드를 설치하고 저녁이나 흐린 날에는 가리도록 한다. 커튼을 설치한 후에는 커튼을 치고도 내부의 모습이 비치지는 않는지 밖에서 확인한다.

4. 호신용품 구비하기

불안한 세태를 반영하며 호신용품에 대한 관심이 높아지고 있다. 호신용품 개발이 봇물을 이루고 있는 가운데 콤팩트한 디자인으로 눈길을 끄는 호신용품이 출시되고 있다. '내 몸은 내가 지킨다!' 작지만 알찬 나만의 보디가드를 준비해 보자. 간단한 호신용품은 인터넷을 통해 쉽게 구입할 수 있다. 늦은 밤, 만약의 경우를 대비해 한 손에는 호신용품을, 한 손에는 핸드폰을 들고 있다면 안심되지 않을까

호신용 스프레이 : 인체에 해가 없는 식물성 최루액으로 위기의 순간 상대의 얼굴을 향해 발사하여 범죄로부터 보호할 수 있도록 만들어졌다. 급박한 순간, 최루액을 자신을 향해 분사하지 않도록 꼭 주의해야 한다.

호신용 경보기 : 버튼을 누르면 경보음이 울리는 간단한 호신 장비이다. 한 손에 쥘 수 있을 만큼 작고 가벼운 디자인 제품으로 출시되어 간편하게 사용할 수 있다는 장점이 있다.

멀티 호신기 : 대한민국 우수 발명품으로도 선정된 멀티 호신기 마그마는 국가에서 기술을 인정받는 국내 최초 발명 특허품이기도 하다. 호신 가스 분사와 서치

라이트, 방범과 도난 방지까지 멀티 기능이 가능하며 작은 크기와 부담 없는 무게로 언제 어디서나 간편하게 사용할 수 있다.

5. SMART S.O.S! 어플리케이션 사용하기

스마트폰 시대, 호신 관련 어플리케이션을 이용할 수 있다. 항상 나와 가장 가까운 곳에 있는 핸드폰이 호신 도구가 될 수 있다. 지금 당장 '호신', '방범'이라는 단어로 어플을 찾아보자.

긴급신고 'SOS' : 긴급 상황에서 버튼만 누르면 곧바로 112(범죄신고), 119(화재구조), 129(응급환자)의 긴급전화로 연결된다. 전화번호 안내 114, 관광정보 134, 다산콜센터 120, 외국인관광안내 1330, 기상예보 131, 종합교통정보 1333의 정보전화 버튼도 활용할 수 있다.

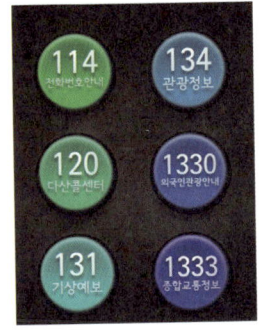

'안전귀가' 프로젝트 : 긴급 상황이 발생했을 경우 미리 저장해 놓은 번호로 현재 위치를 발송할 수 있으며 바로 통화로 연결된다. 자동으로 이동 경로가 저장되며 위험 감지 시 빠르게 도움을 요청할 수 있다.

호신용 경보기 '헬프미' : 위급한 상황에 사이렌을 울려 주위에 위험을 알릴 수 있고 지인들에게 현재 위치를 문자와 지도로 보낼 수 있다.

이외에도 현관에는 신발을 여러 켤레 놓아두어 여자 혼자 산다는 인상을 주지 말아야 한다. 검침원 등 낯선 방문자가 올 경우에는 무심코 문을 열지 말고 반드시 안전고리나 도어폰을 이용해 신분과 용무를 확인한다.

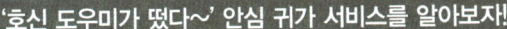

'호신 도우미가 떴다~' 안심 귀가 서비스를 알아보자!

범죄의 표적이 될까 노심초사하는 사람들을 위한 안심 귀가 서비스가 각 지자체와 단체를 중심으로 시행 중이다. 대표적으로 서울시의 안심 귀가 서비스는 집에 혼자 가기 두려운 여성들이 버스나 지하철 도착 30분 전까지 다산콜센터 120 또는 해당 구청 상황실로 신청하면 2인 1조의 안심 귀가 스카우트가 집 앞까지 안전하게 데려다주는 서비스로서 서울형 뉴딜 일자리다. 이 서비스는 평일 밤 10시부터 새벽 1시까지 신청할 수 있다.

또한, 경찰에서는 '여성 안심 귀갓길 서비스'로 여성들이 안전하게 귀가할 수 있도록 지역 특성과 치안 여건을 정밀 분석하여 순찰 노선을 정해 집중 순찰을 실시하는 범죄 예방 서비스를 시행 중이다. 이외에도 서울시 강북구에서 운영 중인 안심 귀가 마을버스를 비롯해 각 지자체별로 톡톡 튀는 아이디어로 순찰차 태워주기, 안심 귀가 동행 서비스 등을 운영 중이며 택시를 탄 보호자에게 SMS 발송과 위치 정보를 제공하는 택시안심알리미 서비스가 시행 중이다. 택시안심알리미 사이트(http://taxi.alrimee.com/)를 통해 서비스 신청과 함께 자세한 내용을 확인할 수 있다.

인테리어의 기술

인테리어 1단계 – 나만의 스타일 찾기

인테리어, 더하기 아이디어

내 마음대로 살 수 있는 공간, 내 집 인테리어하기!

개성이 가득 담긴 인테리어를 위해서는 아이디어가 필요하다. 잡지나 책자를 참고해 인테리어에 대한 기본 정보를 익히고 준비한다. 상상은 자유이므로 집 꾸미기 전, 다양한 공간과 모습을 구상해 본다.

벽을 덮는 커다란 시계, 선명한 색감이 돋보이는 원색의 벽지, 클럽에서나 볼 법한 화려한 조명 등 기상천외한 상상의 힘을 동원한다.

내 집 인테리어에서 상상하기가 중요한 이유는 이중에 월척 인테리어 아이템을 건질 수도 있기 때문이다.

나만의 공간에 개성을 입히는 가장 좋은 첫 번째 방법은 상상하기로

아이디어를 내면서 나만의 스타일을 찾는 것이다.

인테리어, 내 스타일대로

인테리어를 할 때 가장 중요한 것은 '내가 추구하는 것'이다. 나의 인테리어 취향을 파악하지 않은 채, 무작정 집 꾸미기에 돌입하면 중구난방 마구잡이 인테리어가 될 수 있다. 공간을 어떻게 활용할지 숙지하고 나만의 스타일로 인테리어 콘셉트를 정한다.

인테리어 스타일 미리보기

프로방스(provence) 스타일 : Provence는 프랑스 동남부, 이탈리아와의 경계의 옛 지방명

아기자기한 구조와 장식으로 자연친화적 소재에 전원풍의 스타일이다. 원목의 결을 살린 마감재와 가구를 사용하고 소박하고 아름다운 소품으로 친근하고 따뜻한 느낌을 준다.

엔틱(antique) 스타일 : Antique는 오래된 물건, 골동품을 이르는 말

서양의 전통적인 양식으로 우아한 장식과 소품이 특징이다. 고풍스러운 가구의 멋이 포인트가 될 수 있으며 중후하고 무게감있는 구성을 추구한다.

빈티지(vintage) 스타일 : Vintage는 오래된, 편안하다는 의미

언뜻 촌스러워 보이지만 빛바랜 마감과 가구의 멋이 담겨 있는 스타일이다. 색이 바래 보이면서도 나름대로 느낌을 갖추고 있다. 활동적이고 형식에 얽매이지 않는 스타일이다.

젠(zen) 스타일 : Zen은 불교에서 말하는 선(善) 또는 선종
편안하고 고요한 이미지로 간결하고 여백의 미를 이용하며 흑백 또는
모노톤으로 동양적이고 현대적인 느낌이다.

에스닉(ethnic) 스타일 : Ethnic은 이교도, 민속적인 의미
민속적이고 토속적인 느낌으로 연출한다. 이국적인 느낌의 카펫이나 독
특한 색과 소재의 패브릭, 아프리카 스타일의 목각 인형과 같은 소품을
활용할 수 있다.

모던(modern) 스타일 : Modern은 현대적인,
최신의 시류를 이르는 말
현대적이고 심플한 스타일로 세련되고
도시적인 감각을 추구한다. 다소 차갑지
만 간결한 미를 추구하며 화려한 장식을
절제한다.

로맨틱(romantic) 스타일 : Romantic은 부드럽고 낭만적인 이미지
여성스럽고 낭만적인 이미지로 파스텔톤의 화사한 컬러와 사랑스러운
분위기로 꾸미는 것이 포인트다.

레트로(retro) 스타일 : Retro는 복고풍의 분위기와 패션
알록달록한 벽지와 소품, 에지 있는 디자인이 더해진 복고풍 스타일이다.

인테리어 스타일 정하기

잡지를 보자

시중에 나온 잡지를 몇 권 참고한다. 잘 꾸며진 집을 보며 나에게 맞는 인테리어 정보를 쏙쏙 스크랩한다면 나중에 도배를 하거나 가구를 고를 때 큰 도움이 된다. 특히 잡지는 최신 유행을 많이 반영하기 때문에 인테리어 대세를 파악하는 데 효과적이다.

인터넷을 보자

오만 가지 정보가 집결되어 있는 인터넷. 요즘에는 집 꾸미기 고수들이 운영하는 블로그와 웹진이 많으므로 이들의 집 꾸미기 모습을 참고하자. 특히 여성을 위한 인기 인터넷 카페에는 다양한 평수와 공간에 맞는 인테리어 후기가 올라와 있으므로 큰 도움이 될 수 있다.

다른 집을 보자

백문이 불여일견!

다른 집을 다니며 집 주인의 감각과 스타일을 눈여겨본다. 인테리어 시공에 대한 현실적이고 직접적인 조언을 들을 수 있다는 점이 최대 장점이다. 재질과 색감을 직접 눈으로 확인하고 전체적인 인테리어 구성과 분위기를 한눈에 파악할 수 있으므로 강력 추천한다.

인테리어 2단계 – 실전! 집 꾸미기

집을 꾸밀 때는 전문 인테리어 시공업체를 통할 수도 있고, 스스로 해결할 수도 있다. 여기서 중요한 점은 세입자의 경우 집주인과 충분한 상의가 되어야 한다는 것이다. 추후, 문제의 소지가 없도록 세밀한 부분까지 조율한다.

'좁은' 집, '좋은' 집으로!

다소 낯선 '홈 스타일'이란 개념이 있다. 리노베이션, 마감재, 가구, 조명, 패브릭, 인테리어 소품을 활용하여 고객의 라이프 스타일에 맞춘 감각적인 공간을 디자인하는 작업을 홈 스타일링이라 한다.

이렇게 집 주인의 개성을 살려 집을 스타일 나게 꾸며주는 사람들이 있다.
홈 스타일링 업체 '창작프로젝트 : 호'의 김보영 대표는 인테리어 스타일리스트다. 그녀가 전하는 싱글룸을 '멋'나게 가꾸는 방법을 소개하고자 한다.

공간이 바뀐다
그리고 삶이 변한다

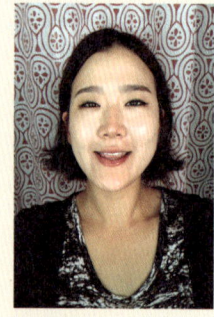

창작프로젝트 : 호
김보영 대표

인테리어 초보자라면, 욕심을 줄이고 절제를 하는 것이 중요하다

인테리어 초보자들이 범하는 실수 중 하나가 내가 원하는 인테리어를 하기보다, 예뻐 보이는 인테리어를 추구하게 된다는 것이다. 잘못되거나 나쁜 것은 아니지만 여기저기서 보았던 예쁜 콘셉트를 짜깁기해 인테리어를 진행할 경우 일관성 없는 구성이 나올 수 있다. 때문에 인테리어 초보자라면 욕심을 줄이고 절제를 하는 것이 중요하다.

공간은 한정되어 있다. 전체적인 조화를 이룰 수 있는 이미지를 구상하는 작업을 해야 한다. 물론, 다양한 정보를 참고하고 안목을 높이는 것은 매우 중요하다. 하지만 이러한 작업은 '내가 원하는 것이 무엇'인지를 파악하는 것에 중점을 두어야 한다.

인테리어 포인트, 벽과 소품을 활용하자

대부분의 싱글룸은 좁은 원룸이나 투룸, 평형이 작은 아파트인 경우가 많다. 공간이 넓게 보이기 위해 단조롭거나 심플한 디자인의 인테리어를 진행하는 경우가 많은데 이때, **인테리어 포인트가 될 만한 곳으로 벽과 소품을 활용하면 좋다.** 벽에 선반을 설치하고 이를 이용해서 수납 공간으로 활용한다면 인테리어 효과와 더불어 수납률을 높일 수 있는 일거양득의 효과를 볼 수 있다. 소품도 중요한 인테리어 아이템이다.

계절이나 기분에 따라 **소품을 바꾸기만 해도 집의 분위기가 달라진다.** 주의할 점은 어떤 소품이든 전체적인 공간과 가구에 흡수될 수 있는 디자인으로 선택하는 것이 무난하다는 것이다.

트렌드보다 감각이 중요하다

요즘 트렌드는 스칸디나비아풍 인테리어, 흔히 북유럽풍이라 불리는 실용성을 강조한 스타일이다. 하얀색 베이스에 자연스러움이 느껴지는 원목 가구, 노르딕 디자인이 강세를 보이고 있다. 북유럽풍 가구와 소품이 인기를 끌고 있지만 기억해야 할 점이 있다.

트렌드라 함은 유행이다. 유행에 따라 집을 꾸미면 당장 보기에는 세련되고 멋있을 수 있지만 과연 본인의 취향과 맞는지는 생각해 볼 문제다. 집을 꾸밀 때 **트렌드보다 중요한 것은 취향과 자신만의 감각이다.** 인테리어에 문외한이라면 전문가의 도움을 받아 자신의 감각을 발산해 보는 것도 좋다.

작은 공간의 큰 변화! Before & After

심플한 가구와 소품으로 깔끔한 분위기를 연출했다. 집주인의 의견에 따라 아늑하면서도 감각적인 공간으로 스타일링했다. 부분 도배, 가구, 조명, 패브릭, 소품으로 작은 공간에 큰 변화를 주었다.

Before   After

10평대, 탐나는 집 꾸미기 핵심 Point

컬러(color)

10평대 집을 꾸밀 때 작은 집일수록 밝은 컬러를 제안한다. 공간이 넓고 크게 보이려면 올 화이트도 깔끔하다. 바닥이나 몰딩도 컬러 없이 흰색으로 진행해 천장과 경계되는 부분을 없애면 훨씬 넓어 보이는 시각적인 효과가 있다. 그래서인지 전체적으로 화이트 컬러로 꾸미는 집들이 많다. 더불어 요즘은 포인트 벽지를 잘 안 한다. 설사 하더라도 한쪽 벽만 포인트를 준다. 창문 없이 사방이 벽인 방에는 한쪽에만 색으로 포인트를 주고 액자, 선반, 소품으로 밋밋함을 커버한다. 애매한 컬러가 들어가면 가구를 맞추어 넣기도 힘들고 분위기가 살지 않는 경우를 많이 봤다. 흰색 도화지에 그림 그린다는 느낌으로 집을 꾸미자.

공간(separation)

개인의 일상에 따라 홈 스타일링도 달라진
다. 쉴 수 있는 공간을 원하는 사람들은 공
간 분리를 원하는 경우가 많다. 좁은 집에
서는 그런 경우 보통 오픈되어 있는 책장을
많이 쓴다. 원룸에 사는 싱글들은 전세나
월세가 많아서 시공을 하는 것보다 뚫려 있
는 오픈형 책장을 중간에 놓고 책이나 소품
으로 채워 넣으면 공간이 분리되는 느낌도
있고 실용적이다. 잊지 말자.

10평대 인테리어의 핵심은 공간 활용이다. 이른바 '데드 스페이스' 없이
작은 공간까지 알차게 활용할 수 있는 것이 중요하다. 또 가구는 오래
사용해야 하므로 질리지 않는 소재와 디자인으로 선택한다.

가구(furniture)

가구를 고를 때는 소재의 멋을 살린다. 멋스러운 소재의 가구를 놓으면
고급스러운 공간이 된다. 디자인이 예쁜데 시트지를 붙인 가구라면 실
패할 확률이 많다. 물론 소재의 멋을 살리면 단가가 올라가지만 오래 사
용할 가구라면 투자할 가치가 있다. 요즘에는 원목에 무늬목을 붙인 제
품도 제작이 잘 되므로 좀 더 저렴한 가격에 구입할 수 있다.

재료(material)

한 공간을 구성할 때 같은 소재로 맞추기보다 소재의 변화를 조금씩 준다. 가구가 전부 원목이라면 식탁 다리는 메탈 소재를 사용하여 약간의 믹스매치를 허용한다. 단, 좁은 집 디자인을 할 때 가장 크게 들어가는 장롱과 같은 가구는 예외다. 디자인적 요소를 살리지 않고 벽처럼 보이게 구성한다면 공간이 더 넓어 보일 수 있다.

테마(theme)

방마다 테마를 주는 것도 좋다. 침실은 로맨틱하게 꾸미거나 앤틱 느낌의 가구로 채워도 되고 서재는 도서관 느낌으로 꾸밀 수 있다. 너무 튀거나 과하지 않게 전체적인 분위기와 조율해서 방마다 색다른 느낌으로 연출한다.

인테리어 3단계 – 싱글룸 데코레이션

집에 색을 입힌다(living color)

넓지 않은 싱글 룸을 꾸밀 때 인테리어의 기본은 색 선택이다. 블랙 앤 화이트, 핑크 앤 초콜릿 등 색상을 선정해 도배와 소품을 구입하여 인테리어 효과를 높일 수 있다.

인테리어 Base 컬러

블랙을 제외한 화이트, 그레이 같은 무채색 계열의 컬러나 채도가 낮은 베이지 등의 컬러는 깔끔하면서 밝은 분위기를 낸다. 어떤 컬러와 매치해도 어색하지 않으며 손쉽게 조화를 이루기 때문에 인테리어 기본 컬러로 꼽힌다.

인테리어 Point 컬러

공간이 밋밋해 보인다면 블루, 레드, 그린 등의 패브릭이나 소품을 활용해 에지를 줄 수 있다. 단 너무 다양한 색상을 사용하면 산만한 분위기를 연출할 수 있으므로 주의해야 한다.

잠깐, tip

컬러 결정이 어렵다면

딱히 좋아하는 색이 없는 경우, 딱히 예쁜 색을 모르겠을 경우, 딱히 원하는 색이 없는 경우. 이런 경우에는 무난한 색을 선택하는 것이 좋다. 다른 색을 흡수하면서 아늑하고 편안한 실내 느낌을 주는 아이보리, 또는 깔끔하고 깨끗한 느낌을 주는 화이트를 기본 색으로 하고 한쪽 벽면이나 가구의 색을 포인트가 될 수 있도록 선택한다. 아이보리의 경우 파스텔 색감이, 화이트의 경우 원색이 어울리며 인테리어에 세 가지 이상의 색을 활용하지 않는 것은 불문율이므로 명심하자.

컬러 아이템

포인트 벽지

집안 분위기를 바꿔줄 수 있는 가장 간단한 방법, 포인트 벽지를 활용하는 것이다. 요즘은 스티커 형태로도 많이 나와 셀프 인테리어에도 좋다.

페인팅

직접 그림을 그려볼 수도 있다. 단, 페인팅을 할 때는 벽에 붙은 벽지를 모두 떼어내야 하고 집주인의 동의를 구해야 한다는 점을 명심하자.

패브릭

장판과 도배를 은은한 화이트, 베이지 또는 파스텔 계열로 했다면 커튼이나 쿠션, 러그 등으로 포인트를 주자. 선명한 파랑, 초록, 주황의 패브릭이 인테리어 포인트가 될 수 있다.

DIY로 개성을 연출한다

DIY 작업은 시중에서 구할 수 없는 '나만의' 결과물을 만들 수 있다는 데 의미가 있다. 시중에서 판매하는 DIY 제품으로 만들거나 재료부터 도안, 제작까지 직접 만드는 자체 DIY로 제작할 수 있다. 인테리어 작업 중 DIY로 꾸민 작지만 개성 넘치는 아이템은 다음과 같다.

입체 우드 스티커

밋밋한 벽이나 가구 옆, 뒷면에 입체 우드 스티커를 붙여보자. 아기자기한 감성이 담긴 간단한 DIY로 빈 공간에 재미와 센스를 담을 수 있다. 인터넷이나 인테리어 소품점에서 쉽게 구입할 수 있으며 주방, 서재 등 공간에 따라 모양을 선택해 붙일 수 있다.

시트지

요즘은 다양한 종류의 시트지가 나와 있어 인테리어 리폼에 유용하게 사용되고 있다. 특히 원목 느낌의 시트지를 현관에 붙이거나 싱크대, 찻장 등에 붙여 마치 새것과 같은 분위기를 연출할 수 있으니 참고하자.

파벽돌

파벽돌은 자연스러운 이미지를 주기에 요즘 뜨는 DIY 아이템 중 하나다. 파벽돌의 주재료는 백 시멘트로 벽 마감용 소재로 인기가 많다. 전실이나 현관, 자투리 벽면에 파벽돌로 채워준다면 인테리어 효과는 크지만 작업이 그리 간단하지 않아 시공 순서와 유의 사항을 사전에 알아봐야 한다.

공간을 디자인한다

자고, 먹고, 작업하는 싱글룸을 200% 활용하기 위해서는 적절한 공간 배치가 중요하다. 집의 크기가 작을수록 계획적으로 동선을 따져보고 구역을 정해야 한다. 공간도 디자인이 필요하다.

파티션

파티션은 공간을 나누고 지저분한 곳을 가려주는 역할을 한다. 필요한 높이와 크기를 파악하고 원하는 소재 등을 선택한 후 구매할 수 있다. 설치법도 간단해 혼자서 쉽게 설치할 수 있다.

서랍장 또는 책장

서랍장이나 침대, 책상을 모두 벽에 붙이면 평면적인 공간 배치가 된다. 서랍장을 침대 옆이나 책상 옆에 두는 등 방 안에 배치하면 공간을 나누는 역할을 하게 되면서 입체적인 느

낌을 준다. 하지만 너무 작은 싱글룸에는 복잡하고 더 좁아 보이는 느낌을 줄 수 있으므로 주의한다.

아일랜드 식탁 또는 작업대

아일랜드 식탁을 잘 활용하면 식탁 겸 작업대로 공간을 나누는 효과와 함께 실용성을 높일 수 있다. 만약 주방이나 거실의 공간이 충분하다면 넓은 면적의 원목 식탁을 놓아 집안에 중심을 잡아주는 것도 좋다.

살림의 반은 주방에서 시작된다

어떤 집이든 독립된 구역으로 배치되어 있는 공간은 주방과 화장실이다. 특히 주방은 음식을 만들고 식사를 하는 곳으로 '의식주' 중 '식'을 해결하는 장소이므로 중요하다. 가전 제품과 식기 등 살림 밀집 구역이기도 한 주방 인테리어에 신경을 쓴다.

가구와 가전의 색

흰색 싱크대에 와인색, 검은색, 회색의 가전 제품들이 올려져 있는 모습을 상상해 보자. '중구난방'이라는 말이 절로 떠오를 것이다. 주방 가구와 가전의 조화는 색에서 시작된다. 조화와 배율이 맞고 궁합이 맞는 색으로 배치해 보자.

깨끗하게, 맑게, 자신있게

주방을 깨끗하게 쓰고, 맑게 관리해야 누구에게나 자신 있게 보여줄 수

풍수 인테리어 알아보기

같은 값이면 다홍치마! 알아두면 본전인 복 들어오는 풍수 인테리어를 기억하자.

풍수 인테리어는 집안에 좋은 기를 끌어들이는 것이다

- 현관은 항상 깨끗하게 유지한다. 또한 입구에서 들어올 때 보이는 큰 거울은 피한다. 들어오는 복을 물리칠 수 있다는 속설이 있다.
- 침실은 신체의 기운에 영향을 미친다. 침대 머리 방향과 화장실이 일직선으로 있으면 기운이 쇠할 수 있으므로 좋지 않다. 침대는 벽에 바짝 붙이지 말고 약간의 공간을 두어 배치하고 혼자 이용하는 침대에 베개는 하나가 좋다.
- 안 쓰는 방이나 창고는 먼지가 쌓이지 않게 항상 관리한다. 사람 손이 안 닿는 곳에는 음기가 쌓여 안 좋은 기운이 둘러쌀 수 있기 때문이다.
- 집 안은 되도록 밝게 유지하며 베란다는 항상 깨끗하게 정리한다.

있다. 지저분한 주방은 집주인의 이미지에 치명적이다. 예쁘지 않아도 깨끗하다면, 그것으로 반 이상의 집 꾸미기가 된 셈이다.

벽을 예술 공간으로! 집이 갤러리가 된다

가구와 수납함으로 꽉 찬 싱글룸에 여백의 미가 가장 느껴지는 곳은 다름 아닌 벽이다. 알고 보면 이 벽을 어떻게 활용하느냐에 따라 집의 분위기가 180도 바뀌게 된다. 특히 요즘에는 그림이나 사진, 기록물들을 걸어 갤러리형으로 꾸미는 것이 추세다.

'갤러리가 집으로', '집이 갤러리가' 되는 인테리어를 해 보자.

액자 활용하기

요즘 시중에 나온 다양한 크기와 모양의 액자 중 벽에 걸 작품에 어울리는 액자를 구매한다. 작품에 따라서 액자 없이 걸어도 되고 바닥에 세워놓아도 멋스러울 수 있다. 나무 이젤 위에 그림 작품을 전시하는 경우도 있다.

그림과 사진은 일관성 있게

'그림'은 비싸다는 인식이 있지만 친구가 그리거나 자신이 취미로 그린 그림을 벽에 걸고 감상하는 것도 멋스럽다. 또는 예쁜 사진을 벽에 걸어볼 수도 있는데, 이왕이면 작품의 주제가 일관성 있고 집과 어울리는 것이 좋다. 집의 분위기와 어울리지 않으면 동떨어진 느낌을 줄 수 있기 때문이다.

은은한 조명으로 분위기 UP

박물관과 미술관에 가면 작품을 비추는 은은한 조명을 볼 수 있다. 집안

보조 조명으로 이러한 조명을 설치하면 밤이나 흐린 날 활용도가 높다.

우리 집은 옥탑방

대한민국 수많은 싱글들의 거주지 중 한몫을 차지하는 옥탑방. 여름에는 뜨겁고 겨울에는 추운 옥탑방은 우리나라의 사계를 가장 잘 느낄 수 있는 주거지이기도 한데, 그만큼 뜨거운 젊음과 차가운 현실을 대변하는 곳이기도 하다. 옥상 공간을 사용할 수 있다면 나만의 전원 공간을 가질 수 있다. 도심 속 나만의 전원 생활을 만끽할 수 있는 공간을 만들어보자.

의자 조금 놓고

옥상에 새 의자를 놓으면 금방 더러워지고 때가 탄다. 평상이 없다면 주위에 굴러다니는 의자 몇 개쯤 가져다 놓는다. 손님이 오거나 혼자 바람 쐬고 싶은 날 의자는 나를 기댈 수 있는 유일무이한 아이템이 될 것이다.

식물 조금 기르고

햇볕 잘 드는 옥상 공간을 활용하면 나만의 텃밭을 완성할 수 있다. 흙은 농원이나 꽃가게 등에서 구할 수 있고 화분은 안 쓰는 페트병이나 우유 박스 등을 활용한다. 요즘에는 가벼운 부직포 화분

도 등장했다. 잘 자라는 식물로는 고추, 오이, 상추 등이 있으며 꽃을 감상할 수 있는 식물을 기르는 것도 좋다.

차양막 조금 두르고

뜨거운 햇빛이나 잔 이슬을 감싸줄 정도면 된다. 흔히 편의점 밖에 놓이는 테이블과 양산 정도로만 구비해도 좋다. 한여름 밤 친구와 함께 이곳에서 즐기는 치맥(치킨과 맥주)은 시원함 그 이상일 것이다.

가끔 고기 조금 구워 먹으면 이게 바로 싱글의 멋, 아닐까!

사람들을 초대했을 때, 메뉴를 고민하지 말자. 삼겹살 몇 근과 쌈, 김치 조금 마련하고 굽기 시작하면 끝. 옥탑방 아니면 즐길 수 없는 매력을 느낄 것이다. 단, 너무 잦은 손님 초대로 인한 고성방가는 주인 세대 또는 이웃에 민폐를 끼칠 수 있으므로 주의한다.

잠깐, tip

옥탑방 제대로 선택하자!

옥탑방을 오르내리는 계단이 가파르면 비가 오거나 눈이 올 때 미끄러울 수 있어 주의가 필요하다. 상대적으로 보안에 취약한 경우가 많으므로 방범창과 철제 문이 잘 설치되었는지 살펴본다. 옥상을 옥탑방 입주자만 사용하는지 여부와 냉난방이 어떻게 이루어지는지도 확인한다. 만약 컨테이너 박스로 개조된 가건물이라면 피하는 것이 좋다.

살림의 기술

살림의 뜻을 사전에서 찾아보자.

[살림 : 한 집안을 이루어 살아가는 일, 집안에서 주로 쓰는 세간] 등의 정의가 나온다. 어찌 보면 집과 관련된 모든 일이 살림에 포함된다고 할 만큼 살림의 범위는 광범위하다. 몇 대가 함께 사는 대식구여도, 한 사람이 사는 1인 가구여도 꼭 필요한 '필수' 살림은 존재하는 법이다.

혼자 사는 집일지라도 한 집안의 주인으로 '사는 일'을 해야 하는 1인 가구 세대주를 위한 똑똑한 살림의 기술을 전수한다.

살림 장만 노하우

집도 구하고, 꾸미고 이제 대충 살림만 넣으면 된다고 생각하면 오산이다. 지금부터가 시작이다. 정해진 견적에서 알짜배기 살림을 찾아 구성하고 제자리를 찾아줘야 하는 과업이 남아 있는 것이다. 무엇보다 가전제품이나 가구는 한 번 사면 짧게는 몇 달, 길게는 몇 년을 사용해야 하므로 백년지대계의 정신으로 살림 장만에 '촉'을 곤두세울 필요가 있다.

살림 장만의 3대 원칙

비용 대비 취향과 기능을 만족시키는 것이 싱글 살림 장만의 원칙이다. 내 집에 내 살림이니 참견할 사람은 없지만, 이 부분이 가장 큰 맹점이 될 수 있다. 혼자서 정신없이 물건을 고르다 보면 집과 어울리지 않거나 쓸데없는 기능을 가진 세간을 충동 구매해, 환불과 교환을 무한 반복할 수 있기 때문이다.

1. 취 향

인테리어만큼 살림 장만에도 취향이 중요하다. 일단 '내 마음'에 들어야 하기 때문이다. 사용자의 애정을 받아야 물건도 오래 쓸 수 있다. 가전, 가구, 사소한 살림 도구들까지 많이 돌아보고 개성을 발휘해 선택하도록 한다.

2. 비용

조금만 더 돈을 쓰면 예쁜 살림을 살 수 있고, 조금만 더 돈을 쓰면 한층 좋은 기능을 가진 살림을 살 수 있다. 이렇게 '조금만, 조금만' 하며 욕심을 내다보면 과도

한 지출이 발생할 수 있다. 정해진 비용에서 알뜰살뜰하게 살림 장만을 하는 것이 현명하므로 사전에 비용에 대한 계획을 철저히 세운다.

3. 기능

수건을 꼭 삶아서 써야 한다면 세탁기에 '삶기' 기능이 있는 것을 선택하는 것이 좋다. 돈을 아끼겠다고 손수 그때그때 삶는 것보다 시간과 노력을 아낄 수 있기 때문이다. 다른 살림에서 규모를 줄이거나 비용을 줄이더라도 나에게 꼭 필요한 '기능'이 들어간 제품을 눈여겨 본다. 반대로 불필요한 기능으로 가격의 부담을 높이지 않는 것이 중요하다.

가전 고르기

가전 제품을 고를 때 이른바 가격 대비 '스펙'은 가장 중요한 사항이다. 또한 A/S가 가능한지를 따져보는 것도 잊지 말아야겠다.

필요한 가전 제품 리스트

주로 혼자 쓰게 될 1인용 가전 제품. 꼭 필요한 가전 제품은 무엇인지 목록을 정하고 예상 견적을 내본다. 가전 제품이 들어갈 공간도 함께 고

항목		예상 가격	항목		예상 가격
주방 가전	냉장고		생활 가전	텔레비전	
	전자레인지			컴퓨터	
	가스레인지			프린터	
	전기포트			헤어드라이기	
	정수기			면도기	
	식기 세척기			청소기	
	오븐			다리미	
	밥솥			세탁기	
	믹서기			가습기	
	커피메이커			선풍기	
	토스트기			전기 장판	

려해 크기를 정한 후, 디자인을 알아보는 것이 좋다.

가전 제품, 어디서 살까?

인터넷

인터넷의 가장 큰 장점은 가격 비교를 쉽게 할 수 있다는 것이다. 같은 제품을 최저가로 살 수 있다는 것은 분명 매력 있지만, 제품을 실제로 살펴보지 못한다는 단점이 있으므로 가까운 전문점에서 살펴 본 후 구입을 권한다.

가전 제품 전문점

가전 제품 전문점의 가장 큰 장점은 직접 보고 선택할 수 있다는 것이다. 더불어 판매원의 설명을 들을 수 있으며 설치에 대한 자문을 구할

수 있다. 요즘에는 각종 기획전이나 행사를 통해 패키지 상품으로 저렴하게 구매할 수 있는 기회가 있으므로 정보를 잘 탐색해 보는 것이 좋다.

중고 가게

중고 가게의 가장 큰 장점은 가격과 성능을 모두 만족한다는 것이다. 요즘 중고 가게에는 전시품이나 반품된 제품을 저렴하게 팔기도 해 잘하면 '대박'을 외치는 상품을 구매할 수도 있다. 단, 중고의 흔적이 어디에 남아 있는지, 무리 없이 사용할 수 있는지 꼼꼼하게 점검하고 살펴봐야 한다는 것을 잊지 말아야 한다.

1인 맞춤형 소형 가전 제품

세탁기

1인용 세탁기는 3~5kg의 용량으로 물 낭비, 전기 낭비를 줄일 수 있다. 1인용 세탁기를 구매할 때는 기능을 잘 파악해야 한다. 삶기, 건조의 기능에 따라 가격이 천차만별 달라질 수 있으므로 나에게 꼭 필요한 기능만 들어 있는 세탁기를 선택하자. 세탁력과 헹굼력을 체크하며 전력 소비량을 확인하고 설치 공간이 좁을 경우에는 벽걸이형 세탁기도 고려한다.

냉장고

간단한 식자재와 반찬 정도를 보관한다면 냉동실 용량이 적은 냉장고 구입을 고려한다. 집에서 음식을 거의 먹지 않는다면 46리터 또는 85리터 용량의 소형 냉장고를 사용하는 것도 좋다. 냉장고를 선택할 때에는 절전 기능과 소음 여부, 에너지 소비 효율과 크기, 내부 서랍과 칸막이 분리가 잘 되는지 등을 체크한다.

청소기

좁은 집에서 보관이 애매한 가전 중 하나가 청소기다. 갈 곳을 잃은 청소기는 베란다나 주방 구석에 처박히기 쉬운데 작고 실용적인 청소기는 이런 고민을 덜어준다. 보관이 간편하고 가격도 10만 원 내외로 구입할 수 있어 경제적인 부담도 줄여준다. 특히 요즘에는 주인이 집에 없어도 혼자서 척척 청소하는 로봇 청소기가 관심을 모으고 있다. 로봇 청소기를 구매할 때에는 전력 소모와 자동 충전 기능이 있는지 물걸레 청소 기능이 가능한지 살펴보고 필터 교환과 내부 먼지 제거 방식을 확인한다.

밥솥

1인용 밥솥은 전기세도 아끼고 수시로 따끈한 밥을 해 먹을 수 있다는 장점이 있다. 보온 도시락을 닮은 디자인과 보관과 이동이 간편하다는 점 때문에 집에서나 사무실에서나 활용도가 높다. 밥솥을 고를 때는 내부 세척 방법과 전력 소모, 밥이 되는 시간 등을 알아본다.

전기 포트 & 라면 포트

식사 시간이 되면 어김없이 울려 퍼지는 배꼽시계. 잘 챙겨먹지 못해 쇠해진 기력으로 어떻게든 대충 한 끼 먹어보겠다고 집 안을 샅샅이 뒤지다 라면을 만나게 되면 마치 견우가 직녀를 만난 듯 반가워진다. 싱글에게 라면은 때로는 전우와도 같은 존재다. 꼬박 꼬박 집 밥을 챙겨먹는 이들에게도 때때로 라면은 절실한 생계 수단이 된다. 그런 의미에서 소용량 전기 포트와 라면 포트는 전기도 아끼고 실용성도 높은 싱글만의 'hot' 아이템이다.

계절 가전

대한민국의 여름은 덥고, 겨울은 춥다. 때문에 계절 가전은 필수 아이템이다. 전통적으로 여름에는 선풍기와 에어컨이 겨울에는 전기 장판과 히터가 계절 가전으로 대표되었지만 이상 기온과 대기 미세먼지 농도가 짙어지면서 공기 청정기, 에어워셔, 제습기 등도 계절 가전과 함께 주목받고 있다. 계절 가전을 고를 때는 집의 크기에 맞는 전력 소모량과 설치 장소 등을 고려한다.

가구 고르기

가전 준비와 함께 취향대로, 마음대로 가구를 골라볼 시간이다. 이미 인테리어 콘셉트를 정해 놓았기 때문에 가구 선택을 크게 고민하지는 않겠지만 명심해야 할 사항이 있다.

입식과 좌식의 사이

무조건 예쁜 가구로 고르게 되면 입식과 좌식 사이에서 길을 잃고 있는 나를 발견할 수 있다. 입식으로 구성하면 공간이 입체적으로 보일 수 있으나 작은 집에서의 입식 가구는 자칫 집이 좁아 보일 수 있다. 좌식으로 구성하면 공간이 좀 더 넓어 보일 수 있으나 집이 평면적이고 밋밋해 보일 수 있다는 점을 명심하자.

필요한 가구 구성

어디에 어떤 가구를 배치할지를 가장 먼저 고려하자. 평면도를 그려서

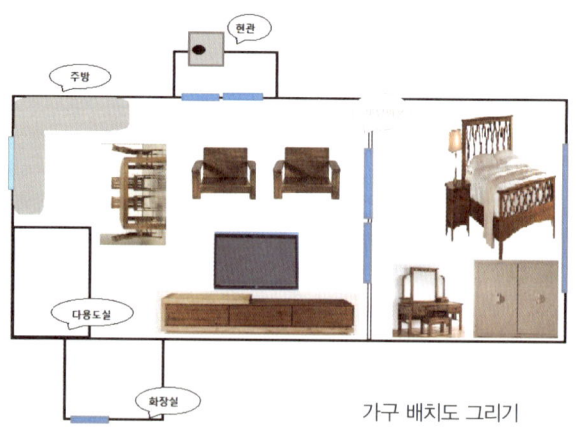

가구 배치도 그리기

가구 리스트

가구	체크 (가로, 세로, 폭)	가구	체크 (가로, 세로, 폭)
침대 프레임		옷장	
매트리스		책장	
화장대		소파	
서랍장		테이블	
책상		의자	
전자레인지대		장식장	

필요한 가구를 가상으로 배치하고 공간이 얼마만큼 필요하지 재보도록 한다. 아무리 예쁜 가구여도 집과 어울려야 한다는 것을 기억하며 꼭 필요한 가구를 야무지게 준비한다.

가구 구입 요령

요즘 가구 구입을 할 수 있는 곳이 많아지면서 부실한 소재와 마감으로 피해를 보는 사람들이 많다 가구 구입시 요령을 미리 알아두자.

- 들어갈 공간과 가구의 가로, 세로, 높이, 폭 등의 사이즈를 잘 파악한다.
- 벽지와 조화를 이룰 수 있는 가구를 선택한다.
- 옷장은 모서리와 경첩, 손잡이, 내부 구성과 마무리 작업이 잘 되어 있는지 체크하고, 가구 설치 후에도 꼼꼼히 살펴본다.
- 서랍이 잘 열리고 닫히는지, 소리가 나지 않는지 확인한다.
- 서랍 밑바닥이 얇은 합판으로 되어 있지는 않은지 열어서 만져보고

두드려본다.

- 패브릭 소파는 이음새 부분의 바느질을 살펴보고 천에 얼룩이 있는지를 확인한다.
- 침대 매트리스는 몸을 뉘었을 때 흔들림이 없고 매트리스 스프링에서 소리가 나지 않아야 하며 평평해야 한다.
- 식탁을 덮고 있는 상판 아랫면을 확인하고 나사 조임과 접착 작업이 깔끔하게 되어 있는지 살펴본다.

도전! 가구 DIY

작은 집일수록 가구를 선택하기가 더 어렵다. 제약된 공간 탓에 틈새를 공략한 가구가 필요한데 이를 찾기가 쉽지 않다. 이럴 때는 가구 DIY를 생각해 보자.

다용도 웨건

바퀴가 달린 다용도 웨건은 옮기기도 쉽고 수납 효과도 높아 싱글룸에 하나 정도 갖추면 좋은 아이템이다. 수납 장소에 맞게 다양한 디자인으로 심플하게 제작하면 여러 용도로 쓰일 수 있다.

미니 책장

자그마한 책장은 책을 보관하거나 CD를 보관할 수도 있고 바구니를 넣

어 서랍장으로 활용할 수도 있다. 싱글룸에 딱 맞는 맞춤형 미니 책장으로 멋스러운 분위기를 연출해 본다.

소반

자그마한 밥상, 소반은 간단하게 식사를 하거나 간식을 먹을 때, 차를 마실 때 등 다양하게 활용할 수 있다. 평평한 목재 아래 네 개의 상다리를 연결하고 마음가는 대로 페인팅을 하거나 시트지를 붙여 우리 집에서만 볼 수 있는 소반을 만들어본다.

잠깐, tip

DIY 재료는?

가장 편한 방법은 구입부터 배송까지 주문 한 번에 해결되는 인터넷으로 DIY 관련 인터넷 쇼핑몰을 이용할 수 있다. 또는 주위를 둘러보면 목재를 파는 가게를 심심치 않게 발견할 수 있다. 다량으로 만들거나 큰 제품을 DIY 할 때는 원하는 사이즈로 재단을 의뢰할 수 있다. 만약 DIY 초보자라면 목재 공방을 이용해 보자. 관련 부자재를 사용할 수 있으며 강습도 가능하다.

싱글을 위한 개성 넘치는
가구의 세계

• 소파, 의자

평범한 월급쟁이 회사원으로 스스로를 모태 싱글이라 부르던 친구가 있었다. 10평 남짓한 원룸에 사는 이 친구 집에 놀러간 날, 집 중앙에 놓인 고귀한 의자를 아직 잊을 수 없다. 200만 원이라는 거금을 들여 구입했다는 1인용 소파는 남다른 아우라를 뽐내고 있었다.

친구 曰 : 1인용 소파는 싱글 생활의 '아이덴티티'라고나 할까.

친구의 말에 어디서 헛소리냐고 면박을 줬던 기억이 난다. 돌이켜보니, 딱 혼자 앉는 세계, 그 의자의 세계는 하루의 고단함을 달래주는 나름의 가치를 지닌 아이템인 듯하다.

• 책상 & 책장

"가방도 싫어, 옷도 싫어."
20대 여성으로서 기본적인 꾸밈을 수수방관하는 이가 있었다. 공부도 잘했고 취업도 이름만 대면 알 만한 대기업에 합격해 또래에 비해 월등히 높은 연봉을 받았지만 도대체 돈을 어디에 쓰는지 겉모습만 봐서는 알 수가 없었다. 그렇다고 저금을 많이 한 것도 아니었는데 그 이유는 집에 있었다.

대학 입학과 함께 서울에서 자취 생활을 하며 틈틈이 모은 책들이 벽면을 가득 채운 것이다. 한정판, 절판 도서 등 처음에는 책 읽기가 좋아서 시작한 책 모으기가 웃돈을 얹어서라도 사는 마니아적 취미 생활로 변해갔다. 그녀가 가끔 원초적 허세를 부리는 일은 집에 손님을 초대했을 때, 스스로가 정한 귀중본 '원, 투, 쓰리'를 소개하는 일이었다. 벽의 한쪽을 원목 책장으로 채우고 원목 작업대 겸 식탁을 중앙에 놓은 모습에서 남다른 멋이 느껴졌다. 사람의 멋은 역시나 겉으로만 판단하는 것이 아니었다.

· 옷장

나만의 드레스 룸. 여성이라면 누구나 꿈꾸는 공간 아닐까. 돈을 벌면서 저렴한 가격으로 옷장을 구입한 적이 있다. 더 이상 아무곳에나 나의 옷들을 걸지 않으리라 결심하며 구입했지만 넘치는 옷들이 결국 옷장 앞에 하나둘 쌓이면서 옷 무덤을 만들어 버렸다. 그때 알았다. 옷장은 구성이라는 것을. 서랍장과 내부 파티션이 얼마나 짜임새 있게 이루어져 있느냐가 옷 보관을 좌우한다. 방 하나를 드레스 룸으로 만들지 못한다면 센스 만점 가구들로 옷 수납을 대체하는 것도 좋은 방법이리라.

주방 용품 고르기

주방 용품은 '처음에, 한꺼번에, 많이' 살 필요가 없다. '처음에는, 천천히, 하나씩' 사면서 필요에 따라 늘려가는 재미를 느껴보는 것도 좋다.

필요한 주방 용품 리스트

주방 살림은 쓰면 쓸수록, 사면 살수록 욕심이 난다. 형형색색 올망졸망 모아놓은 그릇과 각양각색 디자인의 주방 기구들은 보고만 있어도 배부르게 하는 살림 밑천이다. 하지만 이제 막 독립을 시작한 이들에게 종류별, 모양별 주방 용품 장만은 금물이다.

주방 살림은 살아보면서 하나씩 모아도 된다. 살면서 하나씩 식기 모으는 재미를 가지는 것도 좋다. 그릇 하나를 고르기 위해 쏟았던 관심과 정성이 추억거리가 될 수 있다. 아직 살림을 시작하지 않은 남녀일수록 주방 기구와 용품 구입에 대한 자신의 취향과 스타일을 파악하기 어려울 수 있는데, 구매 욕구를 '꾹' 참고 싱글 살림에 '꼭' 필요한 주방 용품들을 알아본다.

종류	내용
그릇	한국 음식은 다양한 형태의 그릇을 필요로 한다. 기본적으로 국, 밥, 반찬, 양념을 담을 수 있는 그릇이 필요한데 각 1P씩 구매하는 것을 권장한다. 단, 나중에 같은 모양으로 추가 세트 구매가 가능한 디자인이나 제품으로 선택한다. 만약 집에 식사 손님이 자주 온다면 예상 인원에 맞춰 2~4인조 세트로 구매하는 것도 좋다. 커피잔과 머그잔도 마찬가지이다.

냄 비	냄비는 재질에 따라 여러 종류가 있다. 법랑, 내열유리, 코팅, 알루미늄, 스테인리스, 양은 냄비 등이 있는데 싱글들은 보통 스테인리스 냄비를 선호한다. 다른 재질에 비해 수명이 길고 위생적이기 때문이다. 하지만 무게감이 있고 불 위에 오래 놓으면 색이 변할 수 있으므로 주의한다. 냄비는 라면 이상을 끓여먹을 수 있는 크기로 한 개 이상 구비하며 바닥이 너무 얇지 않은 것으로 한다.
프라이팬	각종 부침·볶음류 요리를 할 때 필요하다. 프라이팬도 소재에 따라 종류를 나눌 수 있다. 알루미늄, 스테인리스, 마그네슘, 무쇠 등의 소재로 제작되는데 알루미늄 프라이팬은 인체에 무해한 성분으로 코팅이 되어 있다. 단, 코팅이 벗겨졌을 시에는 유해성분이 나올 수 있으므로 즉시 교체해야 한다. 가볍고, 불 위에 놓으면 금방 달궈져 요리하기 편하다는 장점이 있다. 마그네슘 프라이팬은 친환경 신소재로 개발된 것으로 열전도율이 높아 요리하기에 편하다. 코팅된 프라이팬이 싫을 때는 스테인리스나 무쇠 프라이팬이 있다. 스테인리스 프라이팬은 코팅이 되어 있지 않아 위생적이라는 것이 장점이지만 불 조절이 어렵다는 것이 단점. 무쇠 프라이팬은 열 보존율이 높고 흠집이 잘 안 생긴다는 장점이 있지만 무겁다는 것이 단점이다. 프라이팬은 28cm의 크기로 한 개 정도 마련하는 것이 좋다.
수저류	숟가락, 젓가락, 티스푼, 포크로 구성한다. 잘 찾아보면 10개 세트를 저렴한 가격에 구입할 수 있는데 혼자 식사를 하더라도 요리 중 숟가락으로 간을 보거나 중간에 간식을 먹는 등 수저류는 사용할 일이 많으므로 여러 개 구비해 놓는다.
조리 도구	가장 기본적으로 필요한 것은 칼, 도마, 국자, 가위, 냄비받침 등이다. 이 제품들은 한번 사면 오래 쓰게 되므로 가격이 조금 나가더라도 좋은 제품으로 구입하는 것이 현명하다. 날이 무뎌진 칼이나 가위는 '칼갈이'로 갈아줄 수 있다는 점을 참고한다.
긱종 소모품	일회용 장갑과 비닐 팩, 비닐 랩과 쿠킹 호일 등이 여기에 해당한다. 소모품은 언제, 어디에, 어떻게 사용할지 미리 예측하기 힘든 경우가 많으므로 미리 준비해 두도록 한다.
믹싱볼, 체망, 보관용기	믹싱볼은 양념을 버무리거나 재료를 다듬을 때 자주 사용한다. 믹싱볼과 체망은 한 개씩 장만해 놓는다. 이외에도 음식이나 식재료를 보관할 용기 등이 필요하다.

주방 & 생활 잡화 장만하기

입주와 동시에 사용해야 하는 주방, 생활 잡화 등 생활 필수품을 준비한다. 대개는 저렴한 제품으로 구입해도 무방하므로 가까운 할인마트나 '1000원 샵'으로 불리는 매장에서 구입해도 좋다. 주방, 화장실, 기타 용품으로 구분해서 구비해야 할 것들은 다음과 같다.

주방	화장실	기타
• 주방 세제	• 비누	• 옷걸이
• 식기 건조대	• 비누걸이, 비누받침	• 휴지통
• 행주	• 휴지	• 분리 수거함
• 수세미	• 세안도구	• 세탁 세제
• 음식물 쓰레기통	• 양치 컵	• 세탁망
• 각종 일회용품 (장갑, 비닐 팩, 쿠킹 호일, 종이 호일 등)	• 칫솔, 치약	• 빨래 건조대
	• 욕실화	• 빨래 바구니
	• 청소 용품과 세제	• 다리미판

소품 고르기

집안에 꼭 필요한 소품을 생각해 본다면 시계 정도가 떠오를 것이다. 이마저도 핸드폰이 있으니 실용성이 아주 높지 않을 수 있다. 집 안에 있어도 그만, 없어도 그만인 존재감 제로인 소품이라면 필요없겠지만, 집을 돋보이게 하는 존재감 넘치는 소품이라면 이야기가 달라진다. 소품은 집의 분위기와 느낌을 변화시켜 줄 수 있는 작지만 강한 아이템임을 기억하자.

움직이는 바늘, 시계의 매력

아무리 소품이 없어도, 집집마다 시계 하나쯤은 있다. 시간의 흐름을 알려주는 시계의 기능에 멋의 기능을 더해 보자. 다양한 크기와 모양으로 제작된 벽시계 하나로 집안에 포인트를 줄 수 있다.

향기롭게 생기롭게, 꽃의 매력

한 송이 꽃의 생명력, 그 힘은 집안의 기운을 좌우한다. 제철에 피는 꽃 한 송이가 만개하는 모습을 감상하며 꽃보다 아름다운 집을 만들어본다. 꽃을 꽂기 위해 굳이 화병을 구입할 필요도 없다. 집에 있는 컵, 페트병, 유리병 등 꽃을 담을 수 있는 화병은 무궁무진하다.

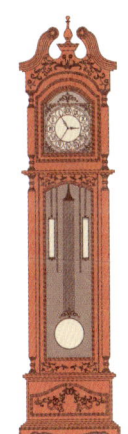

아늑하게 포근하게, 카펫과 러그의 매력

바닥에 깔린 깨끗한 카펫과 러그는 집 안에 아늑함과 포근한 분위기를 준다. 머무르고 싶은 공간을 만들어 주는 카펫과 러그를 고를 때는 소재를 확인하고 세탁 및 관리 방법을 기억한다. 구입할 때는 털 빠짐이나 털 날림이 있는지 체크하고 A/S가 가능한지 확인한다.

세이지 디자인 김자연 대표와 함께
하는 리사이클 실전 노하우

리사이클,
소품 만들기의 매력

**세이지 디자인,
김자연 대표**

주위에서 흔히 볼 수 있는 빈 병, 상자 등을 리사이클
하여 소품을 만들어 볼 수 있다. 경제적인 측면에서
싱글룸에 가장 이상적인 인테리어 소품이기도 하다.
리사이클 업체인 세이지 디자인을 운영하는 김자연 대
표에게 버려지는 것들은 소중한 재료이다. 대학에서
서양화를 전공하고 인테리어 회사를 경영했던 김자연
대표는 인테리어 폐자재 속에서 '새로움과 재탄생'의
의미를 조금씩 깨닫게 되었다. 세이지 디자인은 나눔 판매되는 제품의 수
익금 일부를 엘 살바도르의 '메지아 오스카 안토니오'와 콰테말라의 '로페
즈 구티에레즈 엘시'를 후원하는 데 쓰고 있다.

지금부터는 실전이다!
천방지축 굴러다니는 쓸모없는 것들이 김자연 대표의 손길이 닿자 새
롭게 변신했다. 손짓, 손길에 따라 온전히 새로운 기능과 쓰임을 갖게
되는 리사이클 소품들을 만나보자.

산에서 주워온 나뭇가지와 안 입는 치마가 만나면?

분위기 나게, 폼 나게 간단하게 집안에 색다른 분위기를 낼 수 있는 아이템, 움직이는 조각, 모빌을 기억한다.
자연물이나 재활용품 등을 사용해 모빌을 만들고 허전한 공간에 걸어둔다.
또는 포푸리로 모빌을 만들어 집 안을 향기롭게 만들 수도 있다.

주워온 나뭇가지를 깨끗이 씻어 그늘에 말린 후, 수성 페인트로 칠한다.

스커트 천으로 고래인형을 만든다.

다양한 천으로 다양한 인형을 만든다.

나뭇가지에 낚싯줄이나 실을 이용해 인형을 매달고 천장에 달면 완성!

안 입는 옷과 가방의 변신

여기저기 굴러다니는 천 가방, 축 늘어진 니트 조끼, 촌스런 디자인의
옷들을 오리고, 꿰매고. 쿠션, 여러 가지로 만든다.

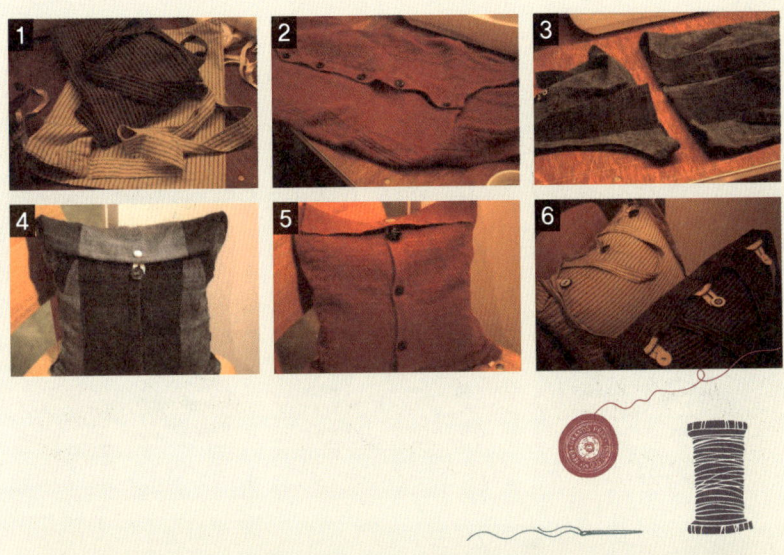

리폼 예찬 "갖가지 천은 갖가지 소품으로"

안 입는 옷이나 머플러를 조각천으로 잘
라 보관하면 언젠 어디선가 유용하게 사
용할 수 있다. 솜을 넣고 인형을 만들 수
있고 리스나 덮개 등으로 재탄생할 수 있
다. 갖가지 천은 그야말로 아이디어와 센
스에 따라 천의 얼굴을 가진 리사이클 아
이템이 된다.

액세서리도 꾸민다

굴러다니는 귀걸이, 먼지 쌓인 팔찌가 새 옷을 입는다.

나를 꾸미는 액세서리

액세서리도 꾸민다!

오색실로 칭칭, 가죽끈으로 동동,

화장을 한다.

Re-사이클을 넘어 Up-사이클의 시대

기존에 버려지는 제품을 단순히 재활용하는 리사이클을 넘어 요즘은 재활용품에 디자인이나 실용성을 가미해 그 가치를 한층 높인 업-사이클 제품이 각광받고 있다. 업-사이클 제품들은 에코 기업들을 통해 선보이고 있는데 고무튜브나 자동차 안전벨트를 가방으로 만드는 등 친환경 제품들이 꾸준히 만들어지고 있다. 소품 하나에도 환경을 고민하는 생각, 싱글 라이프에 담아보는 것은 어떨까.

살림 2단계 – 살림살이하기

살림 더하기 살기의 애환

앞서 독립을 꿈꾸며 집 알아보기에 열을 올렸던 선배가 살림 장만까지 끝내고 기대에 부푼 싱글 생활을 막 시작한 어느 날, 한숨 섞인 하소연을 남겼다.

"난 회사에서도 일하고, 집에서도 일하고, 도무지 쉴 틈이 없어."

마치 독립 투사와 같은 열정을 보였던 그녀를 보며 주위에서는 단언컨대 살림의 여왕이 되겠구나 기대했으나, 결과는 살림에 허덕이며, 살림에 치여 하루하루가 고달픈 살림의 종이 된 것이다. 결국 주위 살림꾼 몇이 모여 조언을 시작했다. 그들이 남긴 말 중 명언도 있었다.

"살림은 습관이다!"

그래, 살림은 습관이다. 부지런히 조금씩 꾸준히 해 줘야 한다. 그렇게 재미를 찾아보면 어느새 '살림은 뭐 그냥' 하게 되는 살림 9단의 솜씨를 발휘하게 될 것이다.

살림이란, 조금만 알면 쉽고
살림이란, 조금만 알면 빠르게 할 수 있다.
그렇게 재미를 붙여보자.
살림, 이렇게 해 보자.

살림 요일표, 시간표 정하기

미루고 미루다 보면 쌓이고 쌓이는 것이 집안일이다. 혼자 사는 집에 일거리가 많겠냐 싶지만, 혼자 해야 하는 살림이므로 만만치가 않다. 각종 공과금 처리부터 빨래, 청소 등의 살림을 야무지게 해 내는 방법 중 하나가 계획표 작성이다.

처음에는 분기, 한 달, 한 주, 하루의 일과로 계획을 세운다. 꾸준히 실천하다 보면 굳이 계획하지 않더라도 머릿속에 저장되어 때가 되면 알아서 하는 경지에 오르게 된다.

분기 계획

분기 계획은 일 년 안에 있을 큰일들을 기록해 놓는다. 한 해의 지출을 예상하고 여행이나 휴식을 계획하는 데 참고할 수 있다.

분기 계획의 예

1분기(1~3월)	2분기(4~6월)	3분기(7~9월)	4분기(10~12월)
• 신정 • 설날	• 어버이날 • 자동차세	• 재산세 • 추석 • 여름휴가	• 만기보험 체크 • 크리스마스 • 자동차세 • 연말정산

한 달 계획

전 달을 마무리하며 새로운 한 달을 계획한다. 잊지 말고 챙겨야 할 공과금 납부일이나 지인의 생일 등을 기록할 수 있다.

한 달 계획의 예

월	화	수	목	금	토	일
1/ 월세 입금	2/	3/	4/ 스터디 모임	5/ 부모님 용돈	6/ 장보기	7/ 이불빨래
8/	9/ 동생 생일	10/ 분리 수거	11/ 스터디 모임	12/ 동호회 모임	13/ 회사 워크숍	14/
15/ 지방 출장	16/ 지방 출장	17/	18/ 스터디 모임	19/	20/ 할머니 제사	21/ 대청소 이불빨래
22/	23/	24/ 분리 수거	25/ 월급날	26/ 적금 보험	27/ 장보기	28/ 토익시험
29/ 관리비 가스비 인터넷 요금 핸드폰 요금	30/	31/	이번 달 생활비 : 저금 : 공과금 : 기타 :			

한 주의 계획은 좀 더 세밀해 질 수 있다. 요리, 빨래 등의 요일을 정하고 세세한 일들을 기록한다.

한 주 계획의 예

월	화	수	목	금	토	일
월세 입금	빨래	싱크대 청소 분리수거	빨래 스터디 모임	냉장고 정리	화장실 청소 행주 삶기	쇼핑

어느 게으른 싱글의 살림 일과표

누구나 정해진 스케줄에 따라 살림을 할 수 없다. 쉽게 피곤한 사람, 게으른 사람, 집안 일이 끔찍이 싫은 사람 등 매일 조금씩 하는 살림이 버거운 사람들은 세상에 충분히 많다.

어느 게으른 싱글의 이야기다.

점점 쌓이는 설거지와 먼지를 방관하며 '내일은 꼭 해야지' 마음먹었던 집안일들은 그의 마음에 돌덩이처럼 남았고, 살림은 한숨 쉬게 만드는 일과였다.

꽤 비싼 돈을 들여 구입한 가구와 소품이 먼지 속에서 제 빛을 잃어가던 어느 날. 집안일에 대한 각성을 시작했다.

그래, 결심했어!

"내 스타일대로~, 몰아서 하자."

그렇게 탄생한 어느 게으른 싱글의 하루 살림 일과표는 다음과 같다.

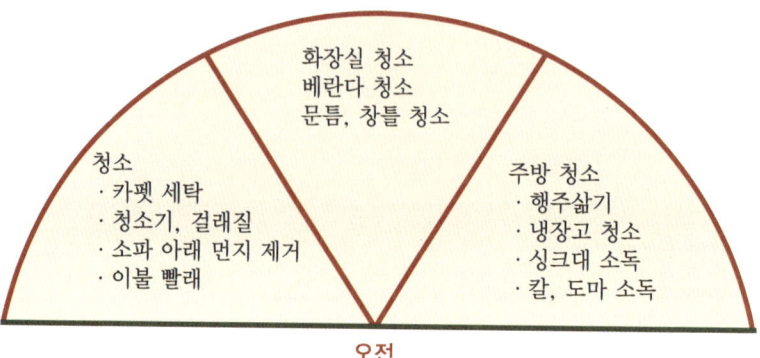

화장실 청소
베란다 청소
문틈, 창틀 청소

청소
· 카펫 세탁
· 청소기, 걸레질
· 소파 아래 먼지 제거
· 이불 빨래

주방 청소
· 행주삶기
· 냉장고 청소
· 싱크대 소독
· 칼, 도마 소독

오전

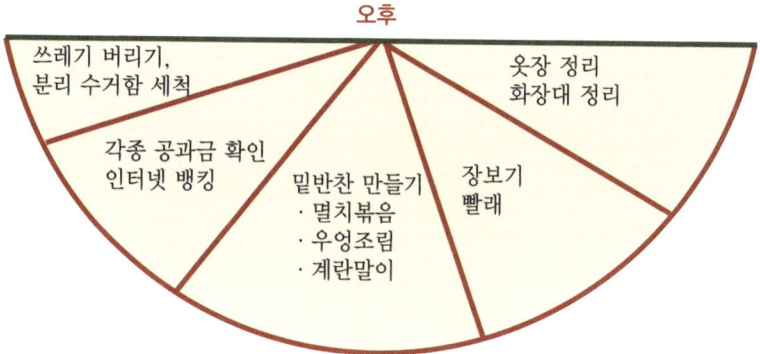

오후

쓰레기 버리기,
분리 수거함 세척

각종 공과금 확인
인터넷 뱅킹

밑반찬 만들기
· 멸치볶음
· 우엉조림
· 계란말이

장보기
빨래

옷장 정리
화장대 정리

살림은 테크닉이다

요즘에는 세탁기, 청소기, 식기 세척기 등 다양한 기능의 살림꾼 전자 제품이 수고를 덜어주지만 결국은 사람의 몫이다. 똑똑한 살림의 기술. 알아두고 익혀두면 두고두고 써먹는 방법들을 소개한다.

빨래의 방법

빨래는 미리미리 해야 옷에 밴 냄새를 뺄 수 있다.
빨래는 미리미리 해야 옷에 밴 얼룩도 뺄 수 있다.
빨래는 미리미리 해야 옷에 밸 곰팡이도 예방한다.

빨랫감 구분하기

색이 빠지는 빨래와 흰 빨래를 분류하는 것은 빨래의 기본 상식이다. 옷의 소재에 따라 빨래 방법이 달라질 수 있으므로 빨래 전에는 반드시 옷 안쪽에 붙은 취급 설명서를 확인한다.

드라이클리닝을 맡겨야 하는 옷은 세탁소에 맡기고 물 세탁이 가능한 옷은 물의 온도와 건조 방법을 확인하고 비슷한 방법으로 세탁해야 하는 옷끼리 빨랫감을 구분해 놓는다.

세탁기호

섬유 제품의 취급에 관한 표시기호

·물 온도 95℃로 세탁
·세탁기, 손세탁 가능
·삶기 가능

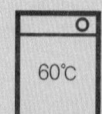

·물 온도 60℃로 세탁
·세탁기, 손세탁 가능

·물 온도 40℃로 세탁
·세탁기, 손세탁 가능

·물 온도 40℃로 세탁
·세탁기로 약하게 세탁
·약하게 손세탁 가능

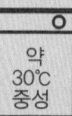

·물 온도 30℃로 세탁
·세탁기로 약하게 세탁
·약하게 손세탁 가능
·중성 세제 사용

·물 온도 30℃로 세탁
·세탁기 사용 불가
·약하게 손세탁 가능
·중성 세제 사용

·물세탁 안 됨

·염소계 표백제로 표백

·염소계 표백제
로 표백 할 수
없음

·산소계 표백제
로 표백

·산소계 표백제
로 표백할 수
없음

·산소, 염소계
표백제로 표
백

·산소, 염소계
표백제로 표
백할 수 없
음

·햇빛에 건조
·옷걸이에 걸어
서 건조

·그늘에 건조
·옷걸이에 걸어
서 건조

·햇빛에 건조
·뉘어서 건조

·그늘에 건조
·뉘어서 건조

·세탁 후 건조할
때 기계 건조 할
수 있음

·세탁 후 건조할
때 기계 건조 할
수 없음

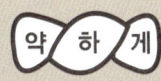

·손으로 약하게 짬

·손으로 짤 수 없음

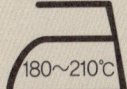

·180~210℃로
다림질

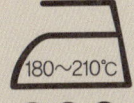

·원단 위에 천을
덮고 180~210℃
로 다림질

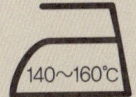

·140~160℃로 다림질

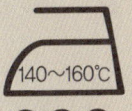

·원단 위에
천을 덮고
140~160℃
로 다림질

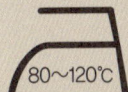

·80~120℃로
다림질

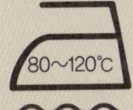

·원단 위에 천을
덮고 80~120℃
로 다림질

·다림질 할 수
없음

·드라이클리닝 가능
·용제는 클로로에틸렌
또는 석유계 사용

·드라이클리닝
가능
·용제는 석유계
사용

·드라이클리닝 할 수
있으나 전문점에서
만 가능

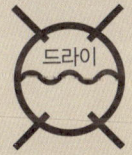

·드라이클리닝
불가함

실전 세탁 기호 읽어보기

 물 온도 40℃로 세탁하며 세탁기, 손세탁 상관없다.
염소계 표백제로 표백할 수 없으며,
원단 위에 천을 덮고 140~160℃로 다림질한다.
세탁 후 건조할 때 기계 건조할 수 있으며
석유계 용제를 사용한 드라이클리닝이 가능하다.

종류별 빨래하기

:: 속옷

여자 속옷은 와이어가 들어 있거나 얇은 소재로 만들어져 잘못 세탁하면 손상되기 쉽다. 세탁하기 까다로운 품목 중 하나로 매일 갈아입는 속옷은 미지근한 물에 적은 세제를 풀어 손세탁하고 세탁기에 돌릴 때는 세탁망에 넣어 빨래한다.

:: 청바지

청바지는 단추를 채우고 뒤집어서 빨래한다. 찬물에 소금을 조금 넣고 중성 세제를 풀어서 빨면 원래의 색을 유지하는 데 도움이 된다. 건조할 때는 밑단을 펴서 널도록 한다.

:: 와이셔츠

세탁 전, 반드시 안쪽의 라벨을 확인한다. 와이셔츠는 세탁기 사용보다 손빨래를 권한다. 목과 소매 부분은 샴푸나 클렌징폼으로 살살 비벼주

면 때가 잘 지워진다.

세탁 후에는 잘 털어서 어깨 각을 펴주고 옷걸이에 걸어서 말린다. 누런 얼룩이 남아 있는 부분에는 베이비파우더를 조금 뿌리고 다림질을 해주는 방법이 있다.

:: 수건

물에 젖거나 눅눅해진 수건에는 냄새가 남을 수 있으므로 매일 세탁해주어야 한다. 그리고 한 번씩 수건을 모아서 삶아주는 것이 좋은데 세탁

잠깐, tip

얼룩 제거의 기술

- 옷을 입거나 벗을 때 옷에 화장품이 묻는 순간을 여성이라면 누구나 한 번쯤 경험해 보았으리라. 파운데이션이나 마스카라 등 화장품 얼룩은 어떻게 처리할까?
- 클렌징 오일을 이용해 가볍게 비벼준 후 미지근한 물로 세탁한다.

- 생활 속, 흔히 마시는 커피를 옷에 쏟으면 얼룩이 진하게 남아 난감해진다. 간단하게 커피 얼룩 제거하는 방법은 어떤 것일까?
- 커피 얼룩 부위에 사이다나 탄산수를 부은 다음 수건이나 천으로 눌러가며 닦아낸다.

- 고깃집에서 옷에 베는 것은 냄새뿐이 아니다. 톡톡 튄 기름 얼룩이 옷에 남았을 때 제거 방법은 무엇일까?
- 레몬이나 식초를 발라 응급 처치를 하고 나중에는 알코올을 이용해 얼룩을 지우고 세탁한다.

기의 '삶기' 기능을 사용하는 방법과 직접 통에 세제와 물, 수건을 넣고 삶는 방법이 있다. 수건을 말릴 때에는 햇빛에 바짝 말려야 하며 참고로 식초 한두 방울을 물에 타서 수건을 행구면 살균 효과를 볼 수 있다.

:: 니트

니트는 수축이나 늘어짐이 발생할 수 있으므로 반드시 라벨을 참고해 세탁한다.

물빨래를 한 경우에는 수건으로 톡톡 두드리며 물기를 제거하고 옷걸이에 걸기보다 건조대에 뉘어서 말린다.

구김이 잘 가는 옷이라면 탈수 시간을 짧게 한다. 장마철 눅눅한 빨래는 전자레인지에 가

잠깐, tip

1인 가구 빨래 It item – 미니 건조대

크기와 모양이 다양한 건조대. 좁은 집이라면 빨래 공간을 확보하는 것도 쉬운 일이 아니다. 회전식 빨래집게 걸이와 미니 건조대를 준비해 놓는다. 양말, 속옷 등 그날그날의 빨래를 건조하기 편하다.

법게 돌려주는 방법도 있다. 단, 특수 소재나 금속이 부착된 옷은 제외한다. 건조한 세탁물에는 먼지가 붙을 수 있으므로 바로 정리해서 수납한다.

빨래할 때는 이렇게

:: 빨래할 때 세제는?

적정량을 넣는다. 세제를 많이 사용한다고 빨래가 하얘지거나 더 깨끗해지는 것이 아니기 때문이다. 오히려 깨끗이 헹궈지지 않을 수 있으므로 세제는 적당량을 사용한다.

:: 빨래할 때 단추나 지퍼는?

채워주어야 옷의 손상을 막을 수 있다. 또한 빨래 전 단추가 떨어지려는 부분은 없는지 한 번쯤 살펴본다.

:: 빨래할 때 묵은 때는?

소매깃이나 목깃의 묵은 때는 비누나 샴푸를 미리 묻혀 놓고 가볍게 비벼주는 것이 좋다. 세제를 풀고 물에 담가놓고 빨면 때가 더 잘 빠지기도 한다.

일반적으로 30~40℃의 미지근한 온도가 좋으며 세제를 풀어 10분 정도 빨래를 담가 두었다가 세탁한다. 이때, 너무 오랜 시간 물에 담그면 때가 더 깊숙이 스며들 수 있으므로 주의한다.

주방일하는 방법

싱글 9단들이 꼽는 가장 어려운 일이자 보람을 느끼는 집안일이 주방일이라고 한다. 처음으로 혼자 살기 시작할 때는 신경조차 쓰지 않지만 싱글로서 사는 기간이 길어질수록 주방일을 익히지 않을 수가 없다는 설명도 한다. 해묵은 살림이 가장 많이 있는 곳이자 살림의 기술이 가장 많이 필요한 주방일의 기술을 알아보자.

설거지하기

설거지는 얼룩이나 기름때가 덜 묻은 것부터 한다. 먼저 수세미에 세제를 묻혀 컵이나 유리 제품을 닦고 그 다음 수저, 밥그릇, 국 대접으로 기름기가 적은 순으로 닦는다. 기름진 음식을 담은 접시는 키친타월로 기름을 닦아낸 후 비누칠을 하거나 뜨거운 물을 부어준 후 세척한다.

:: 순서

컵 ⇨ 유리 용기 ⇨ 밥그릇 ⇨
국 대접 ⇨ 반찬 그릇 ⇨ 냄비
⇨ 프라이팬

냉장고 관리하기

음식물을 보관하는 냉장고는 관리에 소홀할 경우 세균의 온상지가 될 수 있다. 특히 식중독을 유발하는 포도상구균과 대장균이 번식할 수 있으므로 관리에 주의를 기울여야 한다.

:: **온도** : 여름이면 냉장고의 냉장실 온도는 섭씨 5℃ 이하, 냉동실은 영하 18~22℃ 이하로 유지하는 게 좋다.

:: **음식** : 유통 기한이 지났거나 냉장고에 오래 보관해서 성에가 낀 음식은 과감하게 버리며 채소류는 반드시 물기를 제거한 상태로 보관한다.

:: **청소** : 적어도 2주에 한 번 정도 세제나 소독제를 이용해 청소하는 것이 좋다. 냉장실과 냉동고 물기는 그때그때 닦아준다.

:: **효율** : 냉장고 수납은 70% 정도만 채워야 한다.

냉장고 관리를 위한 어플리케이션을 활용할 수도 있다. 냉장고에 넣은 음식의 유통 기한을 관리하는 등 효과적이다.

음식물 쓰레기 처리하기

:: **음식물 쓰레기 종량제**

음식물 쓰레기 종량제가 도입되면서 음식물을 버리는 것에도 방법이 생겼다. 종량제 종류는 크게 세 가지로 전용봉투와 납부칩제, RFID 시스템 방식이다.

• **전용봉투** : 음식물 쓰레기 종량제 봉투를 구매해 음식물 쓰레기를 버리는 방식

• **납부칩제** : 음식물 쓰레기 납부칩을 구입해 용기에 부착하는 방식으로 납부칩 등이

부착된 용기에 한해 수거하는
방식

• RFID 시스템 : 수거 용기에
전자태그를 부착, 배출 월별
정보를 수집하고 무게에 따
른 수수료를 부과하는 방식

:: 음식물 쓰레기 잘 버리는 방법

무엇보다 환경과 생활비 절감을 위해 음식물 쓰레기 다이어트가 필요하
다. 평균적으로 음식물 쓰레기의 80%가 수분이라는 점을 기억하자. 수
분만 확 줄이면 1kg인 음식물 쓰레기의 무게를 200g으로 대폭 줄일 수
있다는 이야기다.

또한, 식자재라고 무조건 음식물 쓰레기와 함께 버려서는 안 된다. 일반
쓰레기로 분류되는 것을 음식물 쓰레기로 잘못 버리면 봉투 값이나 무
게 값도 더 나가고 잘못 걸리면 과태료까지 물어야 한다.

:: 음식물 쓰레기 분류하기

'가축이 먹을 수 있는 것'이 음식물 쓰레기를 가르는 기준이다. 음식물
쓰레기가 사료나 퇴비로 개과천선 하는 것인데 생선이나 동물 뼈, 계란
껍질 등 단단하거나 석회질이 포함된 것은 일반 쓰레기로 분류된다. 이
외에 음식물 쓰레기와 함께 버리지 말아야 할 것들을 정리해 보면 다음
과 같다.

채소류	– 쪽파, 미나리, 대파 등의 '뿌리' – 고추씨, 양파, 마늘, 생강, 옥수수 등의 '껍질' – 옥수수대, 고추대
과일 및 견과류	– 호두, 밤, 땅콩, 도토리 등의 '딱딱한 껍데기' – 복숭아, 살구, 감 등 핵과류의 '씨'
육류	– 소, 돼지, 닭 등의 '털과 뼈다귀'
어패류	– 조개, 소라, 전복, 멍게, 굴 등의 '딱딱한 껍데기' – 게, 가재 등 '갑각류의 껍데기' – 생선뼈
기타	– 계란, 메추리알 등 알의 '껍데기' – 각종 차 티백과 한약재 찌꺼기

:: 음식물 재활용하기

• 귤 껍질

– 전자레인지에 귤 껍질을 넣고 1분간 돌리면 전자레인지 안의 잡냄
새가 사라진다.

– 접시의 기름기를 제거할 때 귤 껍질로 문지르면 기름때 제거와 함께
방향제 역할도 한다.

– 귤 껍질을 말려서 '진피차'를 마실 수 있다. 기침이나 가래를 없애는
데 효과가 있다.

• 참외 껍질

– 껍질을 건조한 곳에서 잘 말려서 망에 넣어 냉장고에 넣어두면 냄새
를 제거할 수 있다. 습기 제거 효과도 있어 말린 참외 껍질을 신발장

에 넣어두는 것도 좋다.

- **수박 껍질**

  - 수박의 하얀 껍질 부분을 갈아서 팩으로 활용하면 피부 진정 효과를 볼 수 있으며 하얀 껍질 부분으로 깍두기를 담가 먹을 수 있다.

- **사과 껍질**

  - 탄 냄비에 사과 껍질을 넣고 10~20분 끓인 후 수세미로 닦으면 그을음이 많이 사라진다.

- **계란 껍질**

  - 깨끗하게 씻은 계란 껍질을 화분이나 화단에 두면 산성 토양을 알칼리성 토양으로 바꿔주어 식물을 더욱 건강하게 만든다.

주방 청소하기

주방 청소를 미루거나 깨끗하게 하지 않으면 음식물 찌꺼기가 남아 냄새를 유발할 수 있고 위생에도 좋지 않다. 특히 싱크대는 물 얼룩과 기름때가 남을 수 있으므로 주기적인 관리가 필요하다. 이왕이면 설거지를 할 때마다 조금 더 정성을 들여 닦아주는 것이 좋은데 주방 곳곳 세척해야 할 부분을 알아보자.

:: **개수대** : 음식 찌꺼기 때문에 쉽게 더러워지는 공간이므로 세제를 묻힌 수세미로 꼼꼼히 닦는다. 감자 껍질, 파 등 야채를 이용해 닦을 수도 있다. 수도 부분도 칫솔을 이용해 닦아주고 모두 닦은 후에는 마른 걸레로 마무리한다.

:: 배수구 : 배수구의 쓰레기망은 안 쓰는 칫솔을 사용해 닦는다. 배수구가 막히거나 냄새가 날 때는 배수구 클리너를 사용한다.

:: 싱크대 수납장 : 양념류를 보관하는 수납장 아래에는 키친타월이나 호일, 신문지 등을 깔면 오염이 덜 된다. 수납장에는 묵은 먼지가 잘 생기므로 세제를 스프레이하고 부드러운 수세미나 천으로 닦아주고 마른 걸레로 마무리한 후 통풍을 시켜 냄새와 습기를 제거한다.

:: 행주 : 행주는 쉽게 더러워지므로 수시로 삶아서 사용해야 한다. 삶기가 번거롭다면 희석한 표백액에 담갔다가 뜨거운 물에 헹군 뒤 햇볕에 바짝 말려 사용하거나 전자레인지에 넣고 돌려 살균시켜 사용한다. 행주는 용도별로 여러 장씩 준비한다.

:: 도마 : 음식 냄새가 잘 남는 도마는 소금을 뿌려준 뒤 세제로 세척한다. 한 번씩 뜨거운 물을 부어 열탕 소독을 하는 것이 좋다.

잠깐, tip

커피 전문점의 원두 찌꺼기 재활용하기

커피 전문점에 가면 요즘 커피 가루를 무료로 나누어 주는 곳을 쉽게 찾아 볼 수 있다. 잘 포장되어 있는 커피 가루를 생활 곳곳에 유용하게 사용해 보자.

• 옷장이나 신발장 등에 놓아두면 습기 제거와 냄새 제거제가 된다.
• 화단이나 화분에 흙과 섞어 넣으면 벌레가 생기는 것을 방지하고 식물에 영양분도 공급한다.
• 클렌징에 소량을 섞어서 세안하면 각질 제거에 효과가 있다. (이때, 찌꺼기 가루를 햇빛에 말려서 사용하는 것이 좋다. 습기가 남아 있으면 곰팡이가 필 수 있기 때문이다.)

청소의 방법

집은 참 신기한 공간이다. 살면 살수록 주인을 닮아간다. 특히 주인이 혼자인 세대는 주인의 습관, 흔적, 삶의 양식이 그대로 투영된다. 자신을 아끼는 것만큼 집도 관리해야 한다. 집 관리의 기본이라 할 수 있는 청소의 방법을 소개한다.

부지런히 쓸고 닦기

가장 기본적이면서 중요한 방법이다. 습관적으로 쓸고 닦는 것이 중요하다. 혼자 사니 '더러워져 봤자지'라고 생각하지 말자. 집이 지저분해지는 것은 시간 문제이지 몇 명이 사느냐의 문제가 아니다. 미니 청소기 또는 작은 빗자루는 필수품이다.

걸레질이 힘들다면 물티슈라도 구비해 놓고 먼지가 쌓인 곳은 한 번씩 닦아주는 센스를 발휘하자.

분리 수거

분리 수거는 절대적으로 게으름을 피워서는 안 된다. 집에 쓰레기가 쌓이는 일을 두고 볼 수 없기 때문이다. 쓰레기는 집안 벌레와 냄새의 근원이 될 수 있으므로 빠르고 신속하게 처리할 필요가 있다.

분리 수거함을 별도로 마련해 놓고, 세제를 사용해 수시로 닦아주도록 한다.

화장실 청소하기

화장실 청소는 최소한 이 주에 한번 이상씩 한
다. 화장실에 상비한 각종 위생용품은 바구니
안에 보관하고 최대한 화장실에 보관하는 짐
을 줄인다.

잠깐, tip

세제 사용시 주의할 점

흔히 화장실 청소할 때 락스를 사용한다. 락스에 욕실 세제나 주방 세제 등 각종
세제를 섞어서 쓰는 경우가 많은데 이러한 습관은 건강을 위협할 수 있다. 락스
와 세제가 섞이면 몸에 해로운 염소기체가 짧은 시간 동안 발생하기 때문이다.

:: 만능 살림꾼 '베이킹 소다'

집안일에 조금이라도 관심을 갖는 사람이라면 베이킹 소다를 다양한
곳에 사용할 수 있다는 것을 알게 된다. 청소, 설거지, 빨래에 습기 제
거까지 만능 살림꾼 역할을 톡톡히 해 내는 베이킹 소다 활용법을 알
아보자.

• 베이킹 소다로 세척하기 : 과일이나 채소를 닦을 때 베이킹 소다 가루를
골고루 뿌려 문지른 후 세척하면 먼지 등을 말끔히 없애준다. 거품 낸
주방 세제와 함께 베이킹 소다를 사용해 주방 기름때나 묶은 때를 문지
르면 잘 닦인다.

냄비가 탔을 때도 베이킹 소다 가루와 물을 섞어 20분 정도 끓이고 설거지하듯 닦아주면 탄 자욱을 제거하기 쉽다. 젖은 수세미에 베이킹 소다를 뿌려 냄비를 닦고 미지근한 물로 헹궈 주면 물때가 잘 지워진다.
김치물이 밴 통이나 도마 위에 베이킹 소다를 뿌리고 그 위에 식초로 희석하면 얼룩과 냄새가 잘 빠진다.

• 베이킹 소다로 세탁하기 : 일반 세탁 세제와 함께 베이킹 소다 가루를 조금 넣고 세탁하면 흰 옷을 더욱 하얗게 빨 수 있다.

• 베이킹 소다로 청소하기 : 카펫 위에 베이킹 소다 가루를 뿌리고 몇 분후 진공청소기로 빨아들이면 먼지와 함께 나쁜 냄새를 제거하며 카펫의 색감이 좀더 선명하게 보인다.
냉장고나 신발장에 베이킹 소다 가루를 그릇에 담아 넣어두면 냄새가 사라진다.

• 베이킹 소다로 습기 제거하기 : 습기 제거에 탁월한 베이킹 소다로 습기

잠깐, tip

베이킹 소다 구매시 주의할 점

천연 베이킹 소다로 구매해야 한다는 것. 천연 제품인지 화학품 첨가 제품인지 용기에 기입된 내용을 잘 살펴본다.

제거제를 만들어 집안 곳곳의 습기를 해결한다. 눅눅함과 함께 냄새 제거에도 탁월하므로 장마철 신발장에 넣거나 옷장에 넣어 사용하면 좋다.

:: 친환경 살림꾼 EM

착한 미생물이라 불리는 'EM'이 뜨고 있다. EM(Effective Micro-oranisms)은 유용성 미생물로 자연 속에 존재하는 많은 미생물 중에서 효모균, 유산균, 광합성 세균 등 유익한 미생물을 조합, 배양한 것이다. 유익한 미생물은 나쁜 균을 만나 악취를 제거하고 수질 정화, 산화 방지 등의 기능을 발휘하게 되는데, 주로 쌀뜨물을 발효해서 사용한다.

• 수채통 닦을 때 : 치약과 EM 원액을 물과 섞은 희석액만 있으면 묵은 때와 냄새를 말끔히 제거하며 광나게 닦을 수 있다.

• 김치통 닦을 때 : 냄새가 짙게 남은 반찬통과 김치통을 닦을 때 EM을 사용해 보자. 세제로 닦은 통 안에 EM 희석액을 넣고 하루 이상 놓으면 어느새 냄새가 빠져 있음을 알 수 있다.

• 애벌빨래 할 때 : 물에 담근 빨래 위에 EM 원액을 조금 넣는다. 따로 삶을 필요 없이 깨끗해진다.
EM 발효액을 무료로 나눠주는 주민센터도 있으니 사전에 알아보도록 한다.

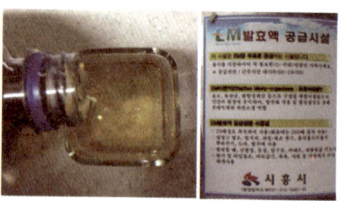

살림 3단계 – 수납하기

요즘 인테리어의 성패는 수납에서 좌우된다. 집의 크기가 작을수록 매의 눈으로 수납 공간을 찾아야 하는데, 바로 여기에서 싱글룸 수납의 모든 것을 공개한다.

수납의 순서

수납의 순서 1 – 쓸데 없는 짐 줄이기

일단 수납이 필요한 물건들을 모두 꺼내본다. 이때 '어머 이게 여기에?', '어머 이런 것도'라는 생각이 드는 물건들이 마구 나오는 경우가 많다. 물건들 중 오랫동안 쓰지 않거나 쓸데 없는 물건은 과감하게 버리거나 다른 사람에게 주어야 한다.

조금이라도 쓸 것 같은 물건은 끌어안고 사는 것이 사람의 소유본능인지라 버리고 버려도 수납할 물건들은 쌓이고 쌓인다. 쓸데없는 짐 줄이기! 수납의 첫째 단계이다.

수납의 순서 2 – 물건 분류하기

이제 수납할 물건들을 분류할 차례다. 이를테면 문구류는 문구류끼리 그 중에서도 색연필은 색연필끼리, 이런 방식으로 분류를 진행한다. 수납에 지나친 열정을 보이다 보면 색연필도 같은 색깔끼리 책도 비슷한 크기 끼리, 이른바 '끼리끼리' 분류를 지향할 수도 있는데, 시간과 힘을 낭비하는 사태를 초래할 수 있으므로 주의한다.

수납의 순서 3 – 배치하기

예컨대 세 칸 서랍을 기준으로 무겁고 사용빈도가 적은 물건은 아래쪽에, 가볍고 자주 사용하며 소모가 빠른 물건은 위쪽에 정리한다. 배치의 기준은 서재, 주방, 안방과 같이 어느 공간인지에 따라 달라진다. 명심해야 할 점은 수납함에 물건을 많이 넣기보다 꺼내 쓰기 편하게 넣는 것이다.

수납의 실제

이제 틈새 공간을 확보하고 치밀하게 수납을 진행할 차례다.

수납을 할 수 있는 공간은 우리 집 모든 구역이다. 현관부터 구석구석 살펴보며 수납할 공간을 찾아낸다. 없으면 만들어라! 기껏 단장한 집에 군 살림을 내보이는 것은 마무리가 안 된 느낌을 준다.

수납 공간을 찾아라

현관 수납 공간은 의외의 장소에서 불쑥 나타날 수 있다. 현관부터 시작해 보자. 현관에는 신발장이 있다. 구두는 구두끼리, 운동화는 운동화끼리 샌들은 샌들끼리, 끼리끼리 수납해야 꺼내어 신기 편하다.

빈 공간에는 수납함을 밀어 넣고 망치와 못 등 다양한 공구를 보관한다.

방 이제는 방이다. 가구 위를 한 번씩 바라본다. 특히 옷장 위는 창고와 같은 역할을 할 수 있다. 단, 너무 무거운 짐을 올리면 가구 천장이 내려앉을 수 있으므로 주의를 기울인다.

가구와 벽 사이에 틈새가 있다면 틈새 가구를 알아보자. 계별 아이템을 보관하기에 좋다.

베란다 방심하면 창고가 될 수 있는 공간이다. 부피가 크고 수납이 어려운 물건이 하나 둘씩 베란다행을 할 수 있기 때문이다. 베란다 외벽에 책장을 놓거나 수납장을 놓아 수납 공간을 만들어 둔다. 이왕이면 수납함 또는 수납 가구의 색은 외벽과 같은 색으로 한다.

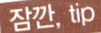

수납 도우미의 예

잘 짜인 수납장과 바구니 등, 잘 찾아보면 우리 집 분위기에 딱 맞는 수납 도우미들을 만날 수 있다.

신발 수납

집의 첫 이미지를 결정하는 현관에 이리저리 뒤엉켜 있는 신발만큼 보기 싫은 것도 없다. 먼지 탈탈 털고, 짝도 제대로 맞추어서 신발장에 쏙쏙 넣어보자. 신발의 수명도 길어진다.

잠깐, tip

신발 수납 준비물

종이 호일 막대, 신문지, 습기 제거제, 나무젓가락 또는 플라스틱 막대

운동화 운동화를 신고 외출 후 돌아올 때는 밖에서 가볍게 신발을 털어주는 습관을 들이자. 계단이나 바닥에 발로 툭툭 한 번씩 차주기만 해도 운동화에 붙은 먼지들을 떼어 낼 수 있다. 운동화 끈은 정갈히 묶거나 신발 속에 넣어서 보관하고 신발 안에 신문지를 넣어서 틀을 고정한다.

부츠 부츠는 잘못 보관했을 때 변형이 가장 크게 오는 신발 중 하나다. 가죽이나 스웨이드 소재일 경우 관리에 더욱 신경을 써야 하는데 서늘한 곳에 보관하며 전용 클리너로 한 번씩

닦아준다. 안에는 종이 막대나 신문지를 말아서 넣어 형태를 유지한다.

구두 구두 굽이 닳지 않았는지 한 번씩 살펴보며 안에 나무젓가락이나 플라스틱 막대 등을 넣어놓는다.

옷장 수납

옷은 많고, 수납 공간에는 한계가 있는 것이 대부분 싱글룸의 고민이다. 공간을 알뜰살뜰하게 활용해 수납하는 방법을 알아둘 필요가 있다.

잠깐, tip

옷 수납 준비물

- 옷걸이 : 옷걸이에도 다양한 종류가 있다. 미끄럼 방지 옷걸이, 바지 전용 옷걸이, 계단식 옷걸이 등 종류별로 다양하게 구비해 놓는다.
- 박스 : 철이 지난 옷을 고이 접어 보관하기 위한 용도로 큰 박스를 준비한다.
- 습기 제거제 : 장마철 냄새와 곰팡이 제거를 위해 습기 제거제는 필수다.
- 정장 케이스 : 정상이나 코트 등을 보관할 때 필요하다. 인터넷에서 수트 케이스 또는 정장 케이스라고 검색하면 다양한 상품이 나오므로 마음에 드는 상품으로 구입해서 사용한다.
- 신문지 또는 미분지 : 당장 안 입는 옷들 사이에는 신문지나 미분지를 한 장씩 넣어 둔다. 옷이 눅눅해지는 것을 방지할 수 있다.

옷 수납

봄, 여름, 가을, 겨울, 계절별 옷이 다른 대한민국의 날씨 특성상 옷의
종류와 보관 방법이 까다롭다. 더욱이 장마철에는 눅눅한 날씨 탓에 옷
에 곰팡이가 필 수 있으므로 수납에도 주의가 필요하다. 수납만 잘해도
옷을 오래 입을 수 있음을 기억하자.

정장 정장을 구입할 때 담아주는 옷걸이와 정장 케이스는 버리지 말
고 보관한다. 안에 습기가 찰 수 있으므로 작은 습기 제거제를 넣어서
보관한다.

니트 니트는 옷걸이에 잘못 걸어서 보관하면 늘어날 수가 있다. 구겨
지거나 늘어나지 않도록 잘 걸거나 접어서 보관한다.

니트 걸기

니트 접기

원피스 원피스도 옷걸이에 걸어서 보관하는 것이 정석이다. 하지만 계절이 지난 원피스나 접어서 보관해도 모양이 흐트러지지 않는 원피스라면 고이 접어서 보관하는 것도 좋다.

티셔츠 티셔츠도 니트와 같은 방법으로 접어서 보관한다. 긴팔과 반팔별로 나누고 색깔별로 보관하면 꺼내 입기도 수월하다.

바지 주름이 쉽게 가는 바지는 옷걸이에 보관한다. 청바지나 주름이 지지 않는 바지는 둘둘 말아서 보관한다.

바지 접기

치마 정장 치마나 구김이 잘 지는 치마는 옷걸이에 보관하고 가볍게 입을 수 있는 면치마는 접어서 보관한다.

재킷, 코트 부피가 크고 보관하기 까다로운 아이템이다. 옷장 옷설이 칸 한 켠에 재킷과 코트를 모아서 보관하고 한 번씩 먼지를 털어서 걸어 놓으며 주기적으로 드라이클리닝을 한다.

속옷 속옷은 꺼내기 쉬운 서랍장이나 바구니에 보관하며 구역별로 꺼내기 쉽게 접어서 보관한다. 상자나 플라스틱 바구니로 구역을 나누고 같은 종류의 속옷끼리 보관하면 꺼내 입고 정리하기도 한결 수월하다.

:: (남자) 사각팬티 : 뒷면이 보이게 바닥에 놓고 양쪽 바지 부분을 세로로 두 번씩 중앙을 향해 접은 후 가로로 두 번에 걸쳐서 접는다.

:: (여자) 삼각팬티 : 팬티 뒷면을 바닥에 놓고 양쪽을 두 번씩 중앙을 향해 접고 아래에서 위로 말아서 팬티 고무줄 안에 넣어서 정리한다.

:: (여자) 브래지어 : 여자 브래지어는 보통 와이어가 들어 있어 잘못 접어서 보관하면 변형이 올 수 있다. 캡을 양쪽으로 펼치고 끈만 안쪽으로 넣어서 정리하는 것이 가장 좋지만, 수납 공간이 부족하다면 캡 안에 캡을 돌려 넣어서 보관한다.

:: 양말 : 양말은 보관을 잘못하면 짝을 잃어버리기 쉽다. 양말의 뒤꿈치 부분을 편 후 아래로 향하게 한다. 짝을 겹쳐서 양말의 발가락 부분이 양말 고무줄 안으로 들어가게 접어서 보관한다.

잠깐, tip

포푸리로 향기가 솔솔

라벤더 등 포푸리 주머니를 만들어 옷장이나 코트 주머니에 넣어준다. 묵은 냄새가 날 것 같은 오래 보관한 옷에 향기가 솔솔 나는 것을 느낄 수 있다.

종이 가방으로 수납하기

집에 굴러다니는 종이 가방으로 간단하게 수납함을 만들 수 있다.
아랫면의 일정 부분 남기고 삼면을 자른다. 나머지 한쪽 면은 길게 남겨준다. 서랍 안에 넣을 때 길게 남긴 면은 접어주거나 말아준다. 서랍 안에 2단으로 보관해야 할 때 길게 남긴 면으로 윗면을 감싸주면 수납 부분이 섞이지 않고 깔끔하게 보관할 수 있다.

화장대 수납

여성들은 화장대에 값나가는 물건을 보관하는 경우가 많다. 특히 각종 액세서리와 귀금속을 보관하는 경우가 많은데, 크기와 모양이 제각각인 화장품 보관 방법을 알아보자.

매일 쓰는 화장품끼리 기초 제품과 같이 매일 쓰는 제품은 눈에 잘 띄고 꺼내 쓰기 쉬운 곳에 보관한다. 스킨, 로션, 자외선 차단제는 화장대 가장 앞줄에 놓는다.

같은 기능끼리 기초 화장품은 자주 사용하므로 화장대 위에 올려놓는 것이 편하다. 또한 색조 화장품은 같은 기능끼리 모아서 보관하면 쓰

기도 간편하고 내가 가진 화장품을 한 눈에 파악할 수 있다.

샘플끼리 화장품을 구입하면 한두 개씩 주는 샘플. 이 샘플만 잘 사용해도 화장품 값이 확 준다. 샘플의 기능을 잘 살펴보고 모아서 보관해 둔다.

:: 화장대 정리 전 : 수납의 기본, '버리고 시작하기'는 화장대 정리에서도 통하는 말이다. 오래된 화장품이나 유통 기한이 지난 화장품은 아낌없이 버린다. 파운데이션 스펀지나 퍼프, 브러쉬도 오래되었다면 새것으로 교체하자.

잠깐, tip

EXP와 BBE를 알자

외국 제품의 경우 PROD는 제조일(Product Date), BBE는 제품이 가장 좋은 품질을 유지하는 기간(Best Before), EXP는 유통기한(Expire)을 의미한다.
EXP는 Expiry data의 약자로 표기된 EXP가 제품의 유통기한이 된다. 예를 들어 EXP140311은 2014년 3월 11일까지의 사용이 권장된다는 뜻. BBE는 Best Before End의 약자로 제품이 좋은 품질을 유지할 수 있는 기간을 말한다. 예를 들어 BBE26.12.2015는 2015년 12월 26일까지 사용해야 품질 상 문제가 없다는 뜻이다.

숨은 유통기한 찾기
정답은? 용기를 개봉한 후, 표기된 숫자의 개월만큼 사용 가능하다는 표시이다.

주방 수납

주방 수납을 하며 명심할 점은 '동선'이다. 쉽고 재빠르게 각종 주방 용품을 사용할 수 있도록 수납해야 한다.

싱크대 수납

싱크대에서 아래쪽에는 무거운 냄비, 프라이팬, 압력솥, 쟁반과 양념류를 넣고 위쪽으로는 컵과 그릇을 배치한다. 기타 소모품은 넓은 서랍장에 모아서 보관하면 찾아 쓰기도 쉽고 꺼내 쓰기 간편하다.

냉장고 수납

:: 냉장실 : 음식을 냉장고에 넣기 전 이물질과 흙을 제거하고 랩이나 용기에 밀봉하여 보관해야 한다. 각종 미생물이나 세균, 이물질이 냉장고 안의 다른 식품까지 오염시킬 수 있기 때문이다.

- 인쇄 물질 또는 다른 이물질이 식품에 묻을 수 있으므로 채소는 신문지 등의 인쇄종이에 싸지 않는다.
- 냉장실 문 쪽은 온도가 높아서 음료수, 조미료 등 상할 위험이 적은 음식을 보관해야 한다.
- 장기간 보존하는 음식과 온도 변화에 민감한 식품은 냉장실 안쪽 깊숙이 넣어서 보관한다.

– 뜨거운 음식은 식힌 후에 보관해야 한다. 많은 양의 뜨거운 음식은 냉장고 내부 온도를 상승하게 해 주변 식품에 영향을 준다.

:: 냉동실

– 공기와의 접촉이 많으면 식품의 수분과 향이 손실될 수 있으므로 냉동 보관 식품은 밀봉 포장하고 반복적인 냉동과 해동을 피하기 위해 1회 분량씩 나누어서 보관한다.

– 마요네즈 등의 유가공품류는 냉동 보관시 층이 분리되거나 응고될 수 있으므로 냉동 보관을 피한다.

– 냉동 보관할 경우 식품별 권장 기간을 준수한다.

식품의 종류	냉동 보관 기간
해산물	2~3개월
익히지 않은 생선	2~3개월
옥수수	8개월
익히지 않은 닭	12개월
익히지 않은 소고기	6~12개월

Part 3

Food & Cooking

흔히 "어차피 먹고 살자고 하는 일"이라는 말들을 한다. 싱글로 살며 가장 귀
찮은 일 중 하나가 식사 챙겨 먹기다. 하지만 "어차피 먹고 살자고 하는 일" 먹
는 기쁨을 만끽하며 싱글만찬을 준비하고 누려보는 것은 어떨까. 혼자 식사를
챙기다 보면 점차 익숙해지고, '이 맛에 산다'라는 말이 절로 나올지도 모른다.

우아하게 간단하게

직장 때문에 경기도 외곽에 집을 얻어 살기 시작한 친구가 있었다. 남자라서 그런지 대충 한 번 훑어본 집을 계약하고 별다른 세간도 없이 기숙사 드나들 듯 제 집에서 살고 있었다.

3교대로 돌아가는 직장은 친구의 몸과 마음을 피곤하게 했지만 그럭저럭 만족하며 지내는 듯 보였다. 그렇게 멋을 내는 것도 노는 법도 잘 몰랐던 친구가 '스타일 나게 산다'고 느꼈던 순간이 딱 한 번 있었다.

친구의 생일이어서 우르르 집으로 놀러간 날, 남자 혼자 사는, 홀아비 냄새나는 수컷의 영역일 거라 생각했던 편견은 현관문을 열자마자 사라졌다.

분명 집에 머무는 시간에는 잠이나 잔다던 친구는 참 깔끔하게 집을 관리해 놓았다. 모두들 조금은 의아한 표정으로 어디 먼지 떨어질까 다소곳이 앉아서 친구의 움직임에 눈치만 보았다.

"밥 먹어야지?"

하는 친구의 이야기.

"그래, 뭐 시켜 먹을까?"

하는 당연한 대답. 하지만 반전이 있었다.

"뭘, 시켜 먹어. 대충 집에서 먹고 있다가 치킨이나 한 마리 시켜 먹자."

그때부터 정말 능숙하게 저녁을 준비하던 친구는 미역국과 밥, 계란말이를 포함한 몇 가지 음식을 소담스런 그릇에 내왔다.

모두의 입에서는 요즘말로 '대박'이란 말이 계속 나왔음은 물론이다.

처음으로 친구가 '스타일 나게 산다'고 느꼈던 순간은 이때였다. 주방을 찬찬히 살펴보니 예쁜 커피잔과 와인잔, 그릇이 정갈하게 정리된 모습이었다. 평

소 친구의 일과가 보이는 듯했다.

혼자 살지만 먹는 기쁨을 누릴 줄 아는 친구. '우아하게, 간단하게'라도 맛의 멋을 느낄 줄 아는 친구가 멋져 보였다.

궁상맞은 싱글의 식탁은 사람을 처연하게 한다. 집에서 나를 위한, 한 끼 식사를 시작해 보자.

건강하게 살기, 건강하게 먹기

먹기는 건강과도 밀접한 관련이 있다. 건강하게 오래 살기 위해서는 건강한 먹을거리가 중요하다. 하지만 혼자서 재료를 다듬고 음식을 만들어 상을 차려 먹어야 하는 싱글들에게 제때 식사를 챙겨서 먹는 일은 쉽지 않다.

더욱이 간편하게 먹을 수 있는 배달 음식과 인스턴트 음식, 외식을 선호하다 보면 과도한 나트륨 섭취와 함께 체내 콜레스테롤을 축적하며 비만과 성인병을 유발한다. '건강하게 살기'는 삶의 질에 있어 중요한 사항이다.

스스로 챙겨먹는 습관만 들이면 혼자 아파서 서러워지는 일은 미연에 방지할 수 있다. 건강 관리를 위한 건강하게 먹기 위해 기억해야 할 점이다.

규칙적인 하루 세끼 식사와 함께 자신에게 맞는 필요 섭취량만큼 먹으며 빵, 과자 등 과다당질 섭취는 제한한다.

건강 체중을 유지하기 위해 매일 30분 이상 꾸준히 운동하는 것도 중요한데 일상 속에서 계단 오르내리기, 출퇴근 시 일정거리 걷기 등의 방법을 활용할 수 있다. 포만감을 느끼기 위해서는 20분 이상의 식사 시간을 지키며 취침 전 3시간 동안은 음식 섭취를 제한한다.

이 맛에 산다

"There is no love sincerer than the love of food."

1925년 노벨문학상 수상자이자 아일랜드의 극작가, 소설가였던 조지 버나드 쇼 (1856~1950)가 말했다. "There is no love sincerer than the love of food.", 음식에 대한 사랑보다 더 진실한 사랑은 없다고. 남녀노소를 불문하고 '먹는 기쁨'은 삶에 큰 행복을 준다. 싱글들에게 음식 가이드 '요리의 기술'을 안내한다.

요리의 기술

요리 1단계 – 장보기

냉장고를 한 번 열어보고 집 안 이곳저곳을 서성여도 먹을 것이라곤 생수뿐이다. 옷을 주섬주섬 챙겨 입고 마트에 가지만 막상 무엇을 사야 할지 몰라 우왕좌왕 카트만 밀어대다 결국 별 필요없는 생활 용품 몇 가지와 과자 인스턴트 음식을 잔뜩 사서 들어온다. 아마 싱글 대다수의 이야기일 것이다. 장보기에도 계획이 필요하다. 자칫 돈 주고 짐만 늘리는 꼴이 될 수 있으므로 계획적으로 실속 있게 장 보는 기술부터 익히자.

장에 가는 날
장에 가는 날, 가장 먼저 해야 할 일은 냉장고 문을 한 번 열어보는 것이다. 집에 있는 식자재와 먹을거리가 어떤 것이 있는지 파악하는 것이 첫 번째 작업이다. 두 번째는 유통 기한이 임박하거나 보관이 아슬아슬한 재료나 음식으로 한 끼를 먹는다.

배를 두둑이 채우고 장을 봐야 낭비를 줄일 수 있기 때문이다. 이어서 무엇을 살지 메모하며, 예상 비용은 얼마가 들지 계산하고 출발한다.

덧붙이자면 장보러 가는 날은 달력에 표시를 해 두는 것이 좋다. 싱글 살림에 장은 2주에서 4주에 한 번 보는 것이 좋은데 만약 특별한 사항 없이 지나치게 장을 자주 본다면 불필요한 장을 보는 것일 수 있으므로 장에 가는 날은 달력에 밑줄 쫙! 표시를 해둔다.

잊지 말고 가져가자!

시장이나 마트에 갈 때 잊지 말고 가져가야 할 것들로는 장바구니와 할인 카드, 할인 쿠폰 등이 있다. 시장에서도 할인 쿠폰을 발급하는 곳이 있으니 자주 이용할 시장에 대한 정보를 알아두는 것이 좋다. 또한 마트에서는 물건을 결제할 때 종량제 봉투를 함께 판매하기도 하니, 물건을 담을 때 참고하자.

메모의 기술

무엇을 살지 메모하는 것은 장보기의 기본이다. 일단, 당장 오늘 저녁에는 무엇을 먹을지 고민하고 필요한 식료품과 생활 용

식료품		생활 용품		기타	
구매 목록		구매 목록		구매 목록	
예상 비용		예상 비용		예상 비용	

품, 기타 물품을 적어 나간다. 이때 꼭 사야 하거나 우선 순위인 물품은 살짝 표시를 하는 것이 좋다. 여기에 오늘 사용할 수 있는 비용을 적어 예상 비용 내에서 장을 볼 수 있도록 한다.

식품 구매의 기술

마트에 가보면 식품들은 주로 냉장, 냉동 보관되어 있다. 때문에 식품의 신선도 유지를 위해 장보는 시간은 매우 중요하다. 권장 시간은 1시간 이내가 적당하다. 장을 볼 땐 생활 잡화류를 먼저 구매하고 식품은 나중에 구매하는 것이 좋다. 또한 냉장이 필요 없는 식품을 먼저 장바구니에 담고 그 다음으로 과일과 채소, 냉장이 필요한 가공 식품, 육류와 어패류 순서로 장을 본다.

식품을 구입할 때 유통 기한을 확인하는 것은 필수 사항이다. 캔이나 용기 등의 포장 상태를 점검하는 것도 잊지 말아야 하며 즉석 식품 등 따뜻하게 조리되었던 식품이 식어 있다면 오래된 것일 수 있으니 되도록 사지 않는다.

요리 2단계 – 식단 만들기

흔히 주부들이 가장 많이 하는 고민이 무엇인지 물어보면 '오늘 저녁은 무엇을 해 먹지?'라는 대답이 많다고 한다. 그만큼 메뉴 선정은 머릿속을 복잡하게 한다. 특히 싱글들은 '어차피 혼자 먹을 건데' 라는 생각으로 시작해 결국에는 대충 한 끼 때우는 방법을 선택하게 된다. 식단은 혼자만의 약속이다. 스스로 잘 챙겨먹겠다는 다짐, 이 중 절반만 실천해도 성공이라는 마음으로 한 주의 식단을 짜보자. 무엇보다 식단을 짜면 장보기가 한결 수월하고 비용을 아낄 수 있는 효과가 생긴다.

식단을 구성 할 때

- 일단, 집에서 밥을 언제 먹는지부터 생각해야 한다. 학원가는 날이나 야근하는 날 등 저녁을 집에서 먹지 않는 요일은 굳이 식단에 넣을 필요가 없다.
- 또한, 며칠 동안 먹어도 질리지 않는 메뉴를 몇 가지 선정하도록 한다.
- 더하여, 물을 끓여먹는다면 물을 끓이는 요일과 차 종류를 함께 기록한다.

혼자 먹는 식단 구성

- 저녁에 요리한 메뉴로 다음날까지 먹을 수 있도록 식단을 구성한다.

요일 / 메뉴	월	화	수	목	금	토	일
아침	미숫가루	김치찌개	미숫가루	제육덮밥	시리얼	된장찌개	소고기뭇국 / 계란말이
점심	(도시락) 유부초밥, 김치	점심약속	업체미팅&식사	(도시락) 김, 밥, 김치, 밑반찬	회사식당	점심약속	배달음식 또는 외식
저녁	김치찌개	김밥 (분식점)	제육덮밥	김밥 (분식점)	된장찌개	소고기뭇국 / 계란찜	카레
기타		퇴근 후- 영어학원	보리차 끓이기	퇴근 후- 영어학원	퇴근 후- 장 보기	보리차 끓이기	

- 학원 가는 날, 약속이 있는 날은 미리 체크해 놓는다.
- 집에 있는 식재료를 바탕으로 식단을 구성한다.
- 영양이 부족한 날에는 단백질 섭취를 늘린다.

잠깐, tip

밥 먹기 30분 전, 물을 마시자!

물은 체내의 영양소와 노폐물을 운반하는 역할을 한다. 하루 8잔 이상 물을 마시면 건강뿐 아니라 피부 미용, 변비 예방에도 효과가 있다고 알려졌는데 밥 먹기 30분 전 물을 마시면 위액의 분비를 촉진시켜 소화 활동에 도움을 준다고 한다. 식사 중 물을 마시면 위액과 섞여 소화 기능에 부담을 줄 수 있지만 식전 물 마시기는 매우 유익한 습관이다.

요리 3단계 – 음식 만들기

집에서 식사를 하는 최대 회수는 보통 3회.

때때로 종일 집 밥을 먹지 않는 날이 생길 수도 있으므로 너무 많은 음식 재료를 사놓거나 반찬을 만들어 놓으면 먹지도 못하고 버리는 일이 생길 수 있다. 간단한 재료로, 간단하게 만드는 만찬, 여기에 우아함을 유지하는 메뉴들을 소개한다.

'무엇을 먹지?'

'집에 무엇이 있지?'

'무엇을 만들 수 있지?'

'어차피 혼자 먹을 건데.'

'그래도, 요리를 해 볼까?'

싱글 요리 가이드

요리에 취미를 갖고 있지 않은 이상 시간을 내어 나 혼자 먹을 음식을 만든다는 것은 귀찮은 일이 될 수 있다. 다음 네 가지 방법으로 싱글 요리를 조금이나마 즐겨보는 것은 어떨까.

하나, 요리 시간을 정하자

적어도 일주일에 하루는 요리하는 날로 정한다. 시간은 한두 시간 정도. 좋아하는 음악을 틀어놓고 간편한 복장으로 팔을 걷어 부치며 요리 준비를 한다. 여가의 일종이라고 생각하고 요리 시간을 즐긴다면 더욱 좋다.

둘, 재료를 사랑하자

맛있는 재료가 맛있는 음식을 만든다. 재료의 맛이 요리의 맛을 결정한다고 이야기하는 요리사도 많을 만큼 재료의 선택과 관리는 매우 중요하다. 재료를 아끼는 마음은 내가 먹을 음식을 아끼는 마음과 같다. 재료를 사랑하자. 그리고 믿어보자. 그러면 맛은 자연스레 요리에 담긴다.

셋, 때로는 도움을 받자

굶는 것보다 대충이라도 먹는 것이 나을 때가 많다. 이럴 때는 인스턴트 음식의 도움을 받는 것도 나쁘지 않다. 또는 시켜먹는 음식이나 외식도 겁내지 말자.

넷, 없으면 없는 대로 만들자

요리 생활에 입문하기 전 야심차게 구입한 요리책을 펴들고 간단한 요리부터 완전정복하리라 도전을 시작하지만 첫 번째 난관에 부딪히게 된다. 간단해 보이는 음식에도 이런저런 양념과 재료가 들어가기 때문이다. 한 번쯤은 책에 나온 대로 재료들을 모두 구입하지만 만들어진 음식보다 남겨진 재료가 더 많은 경우가 있을 것이다. 없으면 없는 대로 만들어보자. 한 스푼의 양념보다 음식에 대한 애정과 정성이 맛을 결정할 수 있다.

요리 준비

먹기 위한 과정은 꽤 많은 단계를 거친다. 식단을 짜고 재료를 사고 손질하고, 요리하고 이러한 과정을 반복하다 보면 어느새 음식 장만에 꽤 능숙해진 자신의 모습을 발견할 수 있을 것이다. 좋은 재료를 준비하고, 손질만 잘 해 놓아도 요리의 반은 성공한 것이다.

재료 준비하기

자주 가는 단골 채소 가게, 육류 가게, 생선 가게 하나쯤은 만들어 놓자. 식재료를 구입하며 얻을 수 있는 정보가 상당하기 때문이다. 재료를 구입하며 쉽고 간단한 요리법을 전수받을 수도 있다. 여기에 오랜 단골이 되면 주인 기분에 따라 디스카운트의 횡재를 누릴 수도 있다.

갖은 양념 알아보기

소금 음식이 싱거울 때, 음식 간을 맞출 때 기본으로 들어간다. 소금은 크게 천일염, 정제염, 맛소금으로 나뉘는데 이 중에서 천일염을 가장 좋은 소금으로 꼽는다.

간장 국간장과 진간장으로 나뉜다. 미역국 등의 국을 끓일 때는 국간장을, 요리에 넣을 때는 양조간장 또는 진간장을 사용한다.

된장, 고추장 된장찌개와 각종 볶음류와 반찬 등 다양한 음식에 다양하게 사용되는 필수 양념이다.

다진 마늘 찌개, 반찬 등의 요리에 필수적으로 들어가는 양념으로 미리 마늘을 다져놓거나 마트에서 파는 다진 마늘을 준비해 놓는다.

식초 요리 외에도 사용하는 경우가 많다. 스테인리스 냄비를 세척할 때 등이다. 되도록 끓는 요리에 넣지 않으며 여름철 냉면, 오이냉국 등의 요리에 사용된다.

참기름 한 번에 많은 양을 넣지 않으므로 작은 용량으로 구매해도 오래 사용할 수 있다.

식용유 마트에 가면 다양한 종류의 식용유를 볼 수 있다. 식용유는 만들어진 원재료와 발연점 즉 (유지를 가열할 때 유지의 표면에서 푸른

연기가 발생하는 온도)에 따라 특징이 나뉜다. 튀김 요리에는 발연점이 높은 카놀라유나 해바라기유가 좋으며 볶음 요리에는 대두유, 샐러드에는 발연점이 낮은 올리브유가 제격이다.

그 외, 요리를 할 때 은근슬쩍 자주 들어가는 양념으로는 후춧가루, 다진 생강, 물엿, 케첩, 마요네즈, 쌈장, 굴소스, 깨소금, 머스터드, 청주, 설탕 등이 있다.

재료 보관 알아보기

마늘 깐 마늘을 샀다면 밀폐 용기에 넣어 냉장 보관하고 다진 마늘은 쓸 만큼만 냉장 보관하고 나머지는 냉동 보관한다. 다진 마늘을 얼릴 때에는 꺼내 쓰기 쉽도록 일정한 크기로 잘라 놓는 것이 좋다.

대파 깨끗하게 다듬은 후 크키별로 잘라 냉장 보관한다. 양이 많다면 냉동실에도 일정량 보관한다.

잠깐, tip

재료는 신선도

음식의 맛은 재료가 결정하고, 재료의 질은 신선도가 결정한다. 요즘 냉장, 냉동 보관 기술이 좋아졌다 해도 채소, 고기, 생선류를 막론하고 묵은 재료는 매력이 없다. 신선도 유지를 위해 소량으로 조금씩 구입해서 먹도록 한다.

두부 사용하고 남은 두부는 소금을 조금 푼 물에 담궈 냉장 보관한다.

감자, 고구마 바람이 잘 통하는 곳에 보관한다. 서늘한 곳에서 흙이 묻은 그대로 검은 봉지에 넣어 햇빛을 차단해야 수분 증발을 막는다.

사과 물기 없이 비닐 봉지에 싸서 보관한다. 다른 과일 또는 채소와 잘못 보관하면 색이 변할 수 있다.

육류 정육점에서 육류를 구입할 때 한 근의 양은 600g이다. 특별히 고기를 좋아한다면 많은 양을 구입해도 괜찮지만 혼자서 먹는다면 200~300g, 반근 정도 구입하는 것이 알맞다. 육류를 보관할 때는 종이 호일과 밀폐 용기를 준비한다. 구매한 채로 냉동실에 보관하면 덩어리로 얼어서 나중에 덜어서 먹기가 불편하다. 밀폐 용기 위에 종이 호일을 깔

고 먹을 양만큼 보관한다.

생선류 흐르는 물에 씻은 후 물기를 제거하고 비닐봉지에 먹을 양만큼 보관한다.

인스턴트 음식 집에 먹을 것이 없어 꼬르륵 소리 나는 배를 붙잡고 무엇을 시켜먹을지 고민할 바에야 시중에 나온 제품의 도움을 받는 편이 나을 수 있다. 5분 조리 밥과 라면, 김, 각종 통조림 등 급할 때 요령껏 먹을 수 있는 음식을 구비해 놓는 것이 현명하다.

실전 요리
하나씩 할 줄 아는 요리를 늘린다는 것은 사는 방법을 한 가지씩 터득한다는 것과도 같다. 나 혼자만의 요리 노하우로 만드는 나 혼자 먹을 밥, 나 혼자 먹는 즐거움을 느끼기 위한 실전 요리를 시작하자.

밥
한국인은 밥심으로 산다고들 한다. 따끈따끈한 한 공기 밥이 우리에게 주는 에너지는 엄청나다. 오늘 하루도 힘을 솟게 하는 밥, 하얀 쌀밥 더하기 곡물들과 밥 하나로 간단하게 정리되는 메뉴들을 알아보자.

잡곡의 세계
비슷해 보이지만 영양도 다르고 식감도 다른 잡곡의 세계. 흰 쌀밥에 몇 가지 잡곡만 섞으면 밥에도 영양이 더해진다. 참고로 잡곡은 조금씩 사서 유리병이나 쌀통 등에 보관한다. 오랫동안 먹지 않고 상온에 잘못 보관할 경우 쌀벌레가 생길 수 있다.

보리 국제영양학회에서 동물 실험 결과, 쌀과 보리를 7:3 비율로 섞어 먹는 것이 몸에 제일 좋다고 밝혔다. 보리의 주요 성분은 탄수화물이며, 비타민 B_1과 B_2의 함량이 쌀보다 많다. 특히 보리는 다른 곡물에 비해 섬유질을 많이 함유하고 있어 배변에 도움이 된다.
똑같은 칼로리를 섭취해도 음식의 종류에 따라 식후 혈당, 혈중 지질 변화에 확연하게 차이가 있으며, 일정 기간 꾸준히 섭취하면 체중에도 영향을 미친다.

흑미 항산화·항암·항궤양 효과가 있다 고 알려진 안토시아닌이라는 수용성 색소가 있어 검은색을 띠게 된다. 흑미는 안토시아 닌이 검은콩보다 4배 이상 들어 있으며, 비 타민 B군을 비롯하여 철·아연·셀레늄 등의 무기염류는 일반 쌀의 5배 이상 함유되어 있 다. 이것은 노화와 여러 질병을 일으키는 체 내의 활성산소를 효과적으로 중화시킬 뿐만 아니라 심장질병, 뇌졸중, 성인병, 암 예방에 도 좋은 성분으로 알려져 있다.

현미 비타민 B_1은 많지만 단백질이나 지방이 많지 않다. 현미는 백미에 비하여 저장성이 좋고, 충해나 미생물의 해가 적다. 또 현미는 정백으로 인한 영양분의 손실이 적다. 가공으로 인한 양의 감소도 없다. 현미로 밥을 지을 때는 반나절 이상 물에 담가 두는 것이 좋고, 밥물은 현미 1에 대하여 1.5배의 비율로 물을 붓는다.

콩 콩에 들어 있는 단백질의 양은 농작물 중에서 최고이며, 구성 아미노산의 종류도 육류에 비해 손색이 없다. 콩에는 비타민 B군이 특히 많고 비타민 A와 D도 들어 있다.

밥 요리

밥과 김치, 몇가지 재료만 있으면 한 끼 식사를 끝낼 수 있는 '끝판 왕' 메뉴들이 있다. 요리할 시간 없는 바쁜 현대인과 늘 부족한 영양에 허덕이는 싱글들을 위한 밥 요리의 세계를 안내한다.

볶음밥

싱글 중에는 볶음밥 예찬론을 펴는 이들이 많다. 먹기 간편하고, 만들기 쉽고, 영양가도 있다는 것이다. 볶음밥 재료는 다진 채소와 밥, 여기에 계란은 보너스가 된다.

당근, 양파, 애호박, 감자 등을 체를 쳐서 기름 두른 프라이팬에 볶는다. 어느 정도 채소가 익은 후 밥을 넣고 함께 볶으면 완성된다. 간장 조금이나 소금 조금 넣어 간을 할 수 있다. 볶음밥 위에 계란 프라이를 올리면 간단 오므라이스로 완성된다.

다진 채소는 용기에 넣어 냉장 보관하면 며칠 더 먹을 수 있다.

콩나물밥

콩나물밥 만드는 방법은 간단하다.

잘 씻은 콩나물을 다듬고(요즘에는 콩나물 뿌리에 영양가가 풍부하다는 이유로 깨끗하게 씻기만 하는 경우도 많다.) 불린 쌀 위에 올린 뒤 평소보다 물을 조금 더 붓고 압력솥이나 압력밥솥으로 만든다.

이때, 압력밥솥의 기능이 콩나물밥을 만들기에 적당한지 살펴보는 것이 중요하다.

밥과 김치만 있으면 쉽게 만들 수 있다. 특히 찬밥을 처리할 때 이만한 메뉴가 없다. 참기름을 두른 프라이팬에 김치를 먼저 볶는다. 여기에 밥을 넣어 볶다가 가운데 부분을 비우고 계란 스크램블을 만들어 함께 볶아준다. 이때 소금이나 간장 양념을 하게 되면 음식이 짜게 될 수 있으니 주의한다.

유부초밥

마트에서 파는 유부초밥 구성품만 구입을 해도 손쉽게 만들어 먹을 수 있다. 고슬고슬하게 지은 밥에 다진 채소와 소스를 뿌려서 섞은 후, 유부 안에 넣는다.

국과 찌개

기본적으로 몇 가지 요리 방법만 알고 있으면 응용이 가능하다. 국과 찌개에 깊은 맛을 내주는 멸치육수 만들기부터 한국인 필수 찌개라 할 수 있는 김치찌개, 된장찌개 그리고 생일이나 해장을 위해 알아두면 유용한 3대 국인 미역국, 해장국, 소고기 뭇국의 조리 방법을 소개한다.

멸치육수

미리 만든 멸치육수는 찌개나 국에 사용하면 깊은 맛을 낼 수 있다. 육수를 끓일 때 필요한 재료는 물을 비롯해 양파, 국물용 멸치, 다시마, 대파, 무 등이다. 냉장고를 살펴보고 이 중 있는 재료를 넣어 끓이면 된

다. 다시마는 하얀 면으로 깨끗이 닦고 다른 재료들은 물에 깨끗이 씻어준다. 재료를 냄비에 넣고 물을 부어준 후 끓이면 된다. 처음에는 강한 불에서 끓이다가 서서히 약한 불로 은근하게 끓여준다. 이때, 떠오르는 거품을 걷어내면 좀 더 맑은 육수를 낼 수 있다. 끓인 육수는 식힌 후 페트병이나 유리병에 넣어 냉장 또는 냉동 보관하면 되다.

김치찌개

김치만 준비되어 있다면 김치찌개 끓이기는 간단하다. 전골냄비 위에 참기름을 두르고 김치를 볶아준 후 물을 붓는다. 보글보글 끓기 시작하면 적당한 크기로 자른 양파, 다진 마늘, 버섯, 애호박 등 갖가지 재료를 넣어준다. 보너스로 햄이나 돼지고기, 참치 등을 넣을 수 있다.

'뚝배기보다 장맛'이라는 말처럼 된장찌개의 맛은 된장이 결정한다. 끓는 육수나 물에 된장을 살살 풀어준다. 여기에 양파, 애호박, 감자, 버섯, 대파, 다진 마늘을 넣고 끓이면 완성이다. 국간장을 넣으면 거무튀튀하게 색이 변할 수 있으므로 된장 본연의 맛을 즐길 수 있도록 끓인다.

잠깐, tip

간단하게 청국장 만들기

마트나 채소 가게에 가면 청국장을 쉽게 구입할 수 있다. 청국장을 넣고 두부와 버섯, 여기에 묵은 김치를 넣고 보글보글 끓이면 간단하게 청국장을 완성할 수 있다.

해장국

술 좋아하는 한국인에게 해장국은 숙취 전문 해결사다. 이 중 북어국은 해장계의 명불허전 아이템과도 같다. 이외에 해장에 도움이 되는 재료들

이 많지만 싱글 냉장고에서 쉽게 찾을 수 있는 재료로는 황태, 콩나물이
있다.

:: 황태나 북어를 적당한 크기로 찢는다. (시중에 국 끓이기에 알맞은 황태포 또는
   북어포를 판매하므로 참고한다.)

:: 참기름을 살짝 두르고 약한 불에 황태나 북어를 볶는다.

:: 황태와 북어가 살짝 오그라들었을 때 육수 또는 물을 붓는다.

:: 여기에 콩나물과 무를 넣고 끓인다. 주의할 점은 콩나물을 끓일 때는 계속 뚜껑
   을 닫거나 열고 끓여야 한다는 것. 조리 중 뚜껑을 열고 닫으면 냄새가 난다.

:: 다진 마늘과 파를 넣고 소금으로 간을 한다.

:: 취향에 따라 계란을 넣는다.

양지, 사태 등 국거리용 소고기를 준비한다. 혼자 먹을 때는 반근(300g)
정도 구입하는 것이 좋다.

:: 물이 담긴 냄비에 다시마와 국거리용 소고기를 넣고 끓인다.

:: 끓기 시작하면 뚜껑을 열고 앙금과 다시마를 걷어낸다.

:: 새 냄비에 국물과 소고기를 옮겨 담고 무와 파를 넣는다.

:: 소금으로 간을 맞춘다.

미역국

일 년에 단 한 번 있는 특별한 날 '생일'에 먹어야 하는 음식 '미역국'을
끓여보자. 싱글 고수라면 생일상 정도는 거뜬히 차릴 수 있어야 하지 않

을까. 나를 위한 미역국 끓이는 방법을 소개한다.

:: 미역을 물에 담가서 불린다.
:: 불린 미역을 깨끗한 물로 몇 번 행군다.
:: 참기름을 두른 냄비에 불린 미역을 넣고 살짝 볶는다.
:: 냄비의 3/1 정도 물을 채우고 약한 불로 오래 끓여 육수를 우려낸다.
:: 물을 마저 붓고 다진 마늘을 넣는다. 미역국에는 소고기, 홍합, 조개 등을 넣을
　수 있다.

반찬

한식은 밥과 국 그리고 반찬이 기본이 되는 상차림이다. 반찬 만들기가 까다롭고 신경 쓰인다면 고민하지 말고 반찬 가게로 가자. 다양한 종류로 소량 구매할 수 있어 생각보다 괜찮은 방법이다.

조림, 볶음 반찬

조림과 볶음 음식을 만드는 방법은 간단하다. 잘 조리거나 볶으면 된다. 여기서 어려운 점은 어떤 양념을 넣어 좀 더 맛있게 조리고 볶느냐의 문제일 것이다. 조림, 볶음 반찬 간단 레시피를 소개한다.

멸치볶음

멸치가 몸에 좋다는 것은 지나가는 유치원생도 아는 이야기다. 칼슘이 풍부한 멸치로 바삭한 식감의 멸치볶음을 만들면 영양만점 반찬이 된다.

:: 볶음용 잔멸치를 마른 프라이팬에 넣고 살짝 볶아 수분을 날려준다.

:: 볶은 멸치를 체에 올리고 몇 번 흔들어 가루를 털어낸다.

:: 식용유를 두른 프라이팬에 털어낸 멸치를 넣고 다시 볶아준다.

:: 집에 안 먹는 술이 있다면 아주 소량 넣어주어 비린내를 제거한다.

:: 설탕을 넣고 볶다가 청홍고추 또는 쪽파 등을 넣어준다.

:: 다 볶은 멸치에 올리고당이나 물엿을 조금 넣어 마무리한다.

콩자반

콩은 우수한 단백질 공급원이다. 간장에 조린 반찬으로 짭짤한 맛에 밥 반찬으로 손이 자주 가는 메뉴이다.

:: 깨끗이 씻은 검은콩을 물에 불린다.

:: 불린 콩을 냄비에 넣고 물을 부어준 후 끓인다.

:: 물이 끓으면 거품을 걷어내고 중간 불에서 끓인다.

:: 콩을 하나 먹어보았을 때 부드러워졌다면 콩 위에 물이 살짝 잠길 정도의 물만 남기고 그 위에 간장과 설탕을 넣는다.

:: 국물이 자작하게 졸았을 때 마지막으로 물엿을 넣고 조려준다.

제육볶음

반복되는 밑반찬이 지겨운 날이면 제육볶음을 준비해 보자. 간단한 요리 방법에 밥 반찬, 술 안주로도 좋으며 다른 특별한 반찬 없이도 한 끼가 가능하다.

:: 제육볶음용 목살을 준비한다. (마트에서 볶음용으로 먹기 좋게 포장된 것을 구
입하거나 정육점에서 제육볶음용이라고 이야기하면 얇게 썰어준다.)

:: 믹싱볼에 고기를 넣고 매실액을 세 숟가락 정도 넣는다.

:: 고추장, 고춧가루, 간장 약간, 다진 마늘, 청주 약간, 물엿 약간을 섞어 양념을 만
든다.

:: 그릇에 고기와 양념, 적당한 크기로 자른 양파와 대파, 당근, 애호박 등의 채소
를 넣고 버무린다.

:: 프라이팬 위에 올리고 볶는다.

절임 반찬

손이 많이 가는 반찬 종류이기도 하지만 쟁여 놓고 먹을 수 있다는 장
점이 있다. 상큼하고 아삭한 맛으로 식감을 좋게 하는 반찬이므로 한두
개 정도 냉장고에 마련해 놓자.

각종 장아찌

한 번 만들어 놓으면 두고두고 먹을 수 있는 반
찬계 레어 아이템이다. 더군다나 슈퍼푸드로 정
평 난 마늘은 원기회복과 신체 불순물 배출에
탁월하다고 알려졌다.

찜, 구이 반찬

보통 찜, 구이 반찬은 한식에서 메인 요리로 등

장하는 경우가 많다. 집에 손님이 왔을 때, 특별한 날 만들어 먹기 간편한 찜, 구이 반찬은 다음과 같다.

보쌈

보쌈은 비교적 간단하게 만들 수 있어 조리법을 익혀두면 두고두고 쉽게 해 먹을 수 있다. 삼겹살, 목살, 돼지 앞다리살 등 보쌈용으로 돼지고기를 준비해 보자.

:: 냄비에 물을 붓고 손질한 양파, 대파, 무 등을 넣는다.
:: 된장을 조금 풀고, 통후추, 매실액, 맛술 등을 넣고 끓인다.
:: 끓기 시작하면 보쌈 고기를 넣고 익힌다.
:: 푹 삶은 고기를 꺼내어 적당한 크기로 자른다.

단호박 오리훈제

시중에 파는 오리훈제와 단호박만 있으면 간단하게 만들 수 있는 별미 요리다.

:: 단호박을 깨끗하게 씻고 윗부분을 자른다.

:: 단호박 안쪽 씨앗을 꺼낸다.

:: 훈제오리와 부추 양파 등을 단호박 안에 넣는다.

:: 찜기에 단호박 오리훈제를 넣고 찐다.

이때, 오리훈제와 함께 적당한 크기로 자른 양파, 부추를 함께 넣어줘도 좋다.

베이컨 말이

각종 채소를 넣고 만든 베이컨 말이는 별미 음식으로 괜찮다. 여러 개를 미리 만들어 놓고 한두 개씩 꺼내서 구워 먹어보자.

:: 베이컨을 펴고 그 위에 깻잎을 올린다.
:: 버섯, 파인애플, 맛살, 파프리카 등을 적당한 크기로 자른 후 깻잎 위에 올리고 베이컨을 말아준다.
:: 베이컨 말이를 프라이팬에 구워준다.

잠깐, tip

요리 소도구, 1인용 화로

숯의 열기로 고기를 구워먹을 수 있는 1인용 미니 화로가 있다. 요리한 음식을 식지 않게 먹을 수 있기에 맛도 좋고, 분위기 내기에도 그만이다.

사진제공 : 예수주방

계란 요리의 모든 것

냉장고를 뒤져본다. 한숨이 나온다.

'먹을 것이 없구나'라는 생각이 드는 순간!

계란이 보인다. 마트에 가면 필수품처럼 구입하게 되는 계란은 만만한 요리 재료다. 일단 유통 기한을 확인한다. 먹어도 좋다는 판단이 든다면 지금부터 계란 요리 시작이다.

1단계 – 튀겨 먹고, 삶아 먹고

1단계 입문 요리는 가장 보편적이면서도 많이 먹는 메뉴이다. 기름에 튀겨 먹는 계란 프라이와 삶은 계란은 별다른 반찬이 없을 때 요긴하게 먹을 수 있다.

계란 프라이

쉽고 간편하게 먹을 수 있는 기본적인 계란 요리이다.

:: 기름을 두른 프라이팬에 계란을 탁 깨서 익히면 끝난다.
:: 계란 프라이 전용 프라이팬도 시중에 나와 있으니 자주 먹는다면 하나쯤 구비하자.

삶은 계란

왕년에 다이어트 좀 했던 언니, 오빠들 중에 삶은 계란 안 먹어본 이가 있을까. 우유 180ml에 대적하는 고단백질 완전식품이다.
허기진 속을 든든하게 채워주기 딱 좋다.

:: 계란이 잠길 만큼 냄비에 물을 넣고 중간 불로 끓인다.
:: 이때 소금 한 큰 술, 식초 한 큰 술을 같이 넣으면 껍질을 깔끔하게 벗기는 데 도움이 된다.

2단계 – 말아 보고, 조려 보고

아무리 손에 물 한 방울 안 묻히고 자란 귀한 따님, 아드님이라도 1단계 계란 프라이와 삶은 계란은 우습게 해 내는 이들이 많을 것이다. 이제는 좀 더 요리다운 요리를 해 보자. 계란말이로 말아 보고, 계란 장조림으로 조려 보자.

계란말이

돌돌돌 말린 계란은 뽀얀 속살만큼 부드러운 맛을 자랑한다. 특히 안에 어떤 재료가 더해졌느냐에 따라 식감이 달라진다.

:: 계란을 꺼내어 그릇에 풀어준다.
:: 푼 계란 안에 얇게 다진 당근, 애호박 등 채소를 넣는다.
:: 기름 두른 프라이팬에 계란을 넓게 펴서 익힌다.
:: 만약 치즈 계란말이를 만든다면 위에 치즈를 올린다.
:: 살짝 익었을 때 계란을 조금씩 접어서 계란말이를 완성한다.

계란 장조림

짭짤하면서 담백한 맛이 있다. 만드는 방법도 어렵지 않아 이따금씩 해 먹기 좋은 메뉴다.

:: 삶은 계란의 껍질을 벗기고 냄비에 넣는다.

:: 냄비에 물과 간장, 물엿 또는 설탕, 청주 또는 맛술 약간을 넣고 조려 준다.

:: 마늘이나, 꽈리고추를 넣어서 만들어도 좋다.

3단계 – 쪄서 먹고, 국에 넣고

계란 요리에 자신이 생겼다면 쪄서 먹는 계란찜과 국에 넣어 만든 계란국에 도전하자. 3단계라고 하지만 어려울 것 없는 초보 수준의 요리 레시피다.

계란찜

계란찜은 재료를 배합해 쪄주면 끝나는 아주 간단한 요리다. 단, 불에 익힐 때는 불의 강약 조절에 난이도가 있다는 것만 기억하자.

- **끓여서 만들기**

:: 뚝배기에 물을 끓인다.

:: 계란을 풀어 끓는 물에 붓는다.

:: 다진 대파와 채소 등을 넣는다.

:: 소금으로 간을 하고 숟가락으로 계란을 몇 번 저어준 후 뚜껑을 닫고 약한 불로 끓인다.

- 전자레인지로 만들기

:: 전자레인지용 그릇에 푼 계란과 물을 1:1 비율로 넣는다.

:: 소금과 새우젓으로 간을 하고 다진 파를 올려준 후 전자레인지에 5분 정도
돌린다.

계란국

파 송송 뜬 계란국에 밥을 말아 후루룩 먹으면 배속이 따뜻하고 든든하
게 채워지는 느낌이다.

:: 멸치육수를 끓인다.

:: 육수에 양파를 넣는다.

:: 다진 마늘과 간장, 소금으로 간을 한다.

:: 파를 넣은 후 계란을 풀어 넣고 불을 끈다.

5분, 아침의 세계

바쁜 현대인에게 아침 식사는 사치가 되기도 한다. 하지만 건강을 위해
아침 식사가 중요하다는 것은 이미 확인된 사실. 5분 안에 만들어 먹을
수 있는 아침으로 하루를 든든하게 준비하자.

시리얼, 우유

시리얼은 오트밀, 콘프레이크, 슈레뎃드위트, 파프드라이스와 같은 곡류
식 아침 대용을 말한다. 설탕과 우유 등을 넣어 먹는데 딸기, 블루베리,

바나나 등의 과일을 곁들여 먹으면 한층 풍미가 있다.

샐러드

드레싱과 간단한 채소만 있으면 OK! 다이어트에도 효과적이다. 양상추
와 파프리카, 과일 등을 먹기 좋은 크기로 미리 잘라 놓아 큰 밀폐 용기
에 넣은 후 조금씩 덜어서 드레싱과 함께 먹어보자.

과일, 과일주스

급할 때에는 간단하게 과일이나 과일주스로 아침을 해결하자. 딸기, 바
나나, 사과 등으로 가볍게 아침을 해결하고 때때로 주스를 만들어 먹자.

미숫가루

시장이나 마트에 가면 선식, 미숫가루를 쉽게 구할 수 있다. 곡물을 볶아서 만들었기 때문에 고소한 맛이 특징이다. 우유와 함께 먹으면 허기짐을 달래주는 것은 물론 영양 보충과 변비 예방에 효과적이다.

간단 토스트

식빵과 토스트기만 있다면 간단하게 아침을 해결할 수 있다. 옵션으로 치즈, 옥수수 등을 올려주면 맛과 영양이 배가 된다.

프렌치 토스트

우유나 계란을 섞은 것에 빵을 담갔다 굽는다.
설탕이나 꿀, 잼 등을 발라서 먹는다.

치즈 토스트

바나나, 파인애플, 베이컨 등으로 토핑을 얹은 후 치즈 또는 치즈가루를 올려서 굽는다.

햄, 치즈 토스트

두 개의 구운 토스트 사이에 햄과 치즈 등을 넣어서 만든다.

싱글을 위한 특식

나를 위한 식사 준비, 혼자만의 만찬은 일상을 더욱 특별하게 한다. 맛
깔스런 음식과 와인, 사케 등의 반주를 곁들인 싱글 '특식'을 소개한다.

카레

당근, 양파, 감자, 돼지고기 또는 닭고기와 카레가루를 준비한다.

당근과 양파, 감자를 깍둑 썰어서 프라이팬 위에 볶다가 돼지고기도 함

께 볶아준다. 재료가 익으면 냄비에 옮겨 담고 물을 넣어 끓이다가 카레 가루를 뿌려주면 끝이다. 양에 따라서 하루 이틀 정도 실컷 먹을 수도 있다.

스테이크
스테이크처럼 간단한 음식이 또 있을까. 재료는 정육점에서 스테이크용 고기와 소스를 준비하면 된다. 원하는 만큼 익힌 후 예쁜 그릇에 올려 소스 뿌리고 좋아하는 채소 몇 가지 두르기만 하면 된다.

계란 두부 스테이크
단단한 두부를 으깨서 계란과 섞은 후 각종 다진 채소를 넣어서 반죽을 만든다. 프라이팬에 기름을 두르고 반죽을 동그랗게 만들어 부치면 간단하게 두부 스테이크를 완성할 수 있다.

레토르트 보양식으로 영양 보충
굳이 복날이 아니어도 한 번씩 내 몸에 영양 보충을 하자. 요즘에는 레토르트 영양식품도 다양한 종류로 나와 있어 영양식을 쉽고 간편하게 먹을 수 있다.

쉽게 먹자!
고구마, 감자, 계란의 공통점은?
쪄서 먹을 수 있는 음식이라는 점이다.

요리하기 귀찮은 날에는 고구마, 감자, 계란을 쪄놓자.

하루 종일 뒹굴뒹굴 거리면서 고구마 한 입,

하루 종일 책 보면서 감자 한 입,

하루 종일 음악 들으면서 계란 한 입,

적어도 허기짐은 면할 수 있다.

오늘은 손님 오는 날

지금까지 실전 요리로 만들어 본 요리 솜씨를 발휘하여 음식을 장만해

보자. 그리고 손님을 초대하는 것이다.

제육볶음과 된장찌개, 샐러드로 차린 한 상!

벗과 함께 음식 정을 나누는 기쁨, 요리에서 시작된다.

전자레인지를 활용한 요리 백서와 활용

싱글에게 전자레인지는 없어서는 안 될 'It item' 중 하나다. 버튼만 누르면 조리가 끝나는 간단, 간편한 전자레인지 요리 백서를 공개한다.

사과칩 만들기

재료 : 사과, 키친타월

:: 사과를 깨끗하게 씻어 4등분 한다.

:: 씨 부분을 도려내고 얇게 자른다.

:: 키친타월 위에 얇게 자른 사과를 하나씩 올린다. 이때, 사과가 겹치지 않도록 깔아준다.

:: 전자레인지에 넣고 15분 정도 돌린다.

:: 꺼내서 사과를 뒤집은 후 다시 전자레인지에 넣고 10분 정도 돌린다.

:: 상온에 10분 정도 보관한다. (단, 전자레인지의 성능에 따라 돌리는 시간이 달라질 수 있다)

계란빵 만들기

재료 : 핫케이크 가루, 우유, 계란, 설탕, 소금 약간

:: 그릇에 계란 한 개와 우유를 넣고 잘 섞어준다.

:: 계란이 골고루 풀어지면 핫케이크 가루와 설탕, 소금 약간을 넣고 골고루 반죽한다.

:: 종이컵에 반죽을 1/4정도 높이로 담는다.

:: 종이컵 반죽 위에 계란을 깨서 넣는다.

:: 전자레인지에 2분 정도 돌린다.

이때, 나무젓가락으로 계란빵 아래 부분까지 찔렀다가 꺼내서 젓가락에 반죽이 묻어 나오지 않으면 다 익은 것이다.

전자레인지 200% 활용하기

소독기로 쓰자!

행주, 마스크, 칫솔 등 살균이 필요한 물품들을 전자레인지에 돌리면 살균이 된다. 음식을 조리하던 전자레인지를 소독기 용도로 사용하게 되면 어딘가 찜찜함을 느낄 수 있는데, 이럴 때는 간단하게 청소를 해주자.

전자레인지 청소 방법

오렌지나 귤 껍질을 그릇에 담아 전자레인지에 넣은 후 1분 30초 쯤 돌리면 전자레인지 내부에 촉촉하게 습기가 차게 된다.

마른 행주로 내부의 물기를 깨끗하게 닦아내면 전자레인지 청소 끝. 상큼한 향기는 보너스다.

잠깐!

전자레인지에는 전용 용기를 넣어주어야 한다. 또 쿠킹호일이나 금속류를 넣으면 절대 안 된다는 사실을 명심하자.

싱글이 '라면'
라면은 필수 비상식이다. 라면 포장지에 나온 기본 방법에 몇 가지 재료를 추가해 고품격 라면을 완성해 보는 것은 어떨까.

'파송송'
'계란 탁!'
'고춧가루 툭툭 털고'
'떡이랑 만두랑 퐁당'
'콩나물 넣고 후루룩'

음식은 때로 병을 고치기도 하지만 때로는 만병의 원인이 되기도 한다. 오늘 당장 건강을 지키기 위한 웰빙 식생활을 시작해보자.

'골고루, 골고루'

음식을 통해 섭취하는 영양소는 우리 몸에 에너지를 생성하고 여러 기능을 조절해주는 역할을 한다. 6대 영양소로 알려진 탄수화물, 단백질, 지방, 무기질, 비타민, 섬유소와 물을 충분하게 골고루 먹어 건강을 유지한다. 이 중 무기질, 비타민, 섬유소는 음식을 통해 꾸준히 섭취하는 것이 좋은데, 우유 및 유제품, 멸치 등 뼈째 먹는 생선에는 칼슘이 계란 노른자에는 철분이 풍부하며 채소와 과일에도 무기질이 많이 포함되어 있다. 장내에서 콜레스테롤과 결합하여 혈중 콜레스테롤 농도를 낮춰주는 섬유소는 변비를 예방하는 영양소로 미역, 다시마와 같은 해조류와 사과 껍질 등의 과일에 풍부하게 담겨 있다.

'줄이고, 줄이고'

건강을 위해 줄이고 줄여야 할 세 가지를 기억하자. '당', '지방', '나트륨'은 각종 성인병의 원인이 될 수 있다. 당은 1g당 4kcl의 열량을 내는데 우리 몸속에서 쓰고 남은 당은 지방으로 전환되어 비만을 유발할 수 있다. 나트륨은 많이 먹으면 혈압 문제를 일으키며 뇌졸중과 심혈관 질환 등 건강에 좋지 않은 상황을 유발할 수 있으므로 하루 2,000mg 미만으로 먹을 것을 권장한다. 지방은 체온 유지와 장기를 보호하며 에너지를 제공하는 유익한 영양소이지만 과다 섭취하면 건강에 해로운 영양소가 된다. 비만과 심장병, 뇌출혈 등의 질병 위험을 높일 수 있으므로 튀김과 볶음 요리를 줄이는 등 적정량의 지방을 섭취할 수 있도록 노력해야겠다.

혼자만의 맛집 투어

화창한 토요일 어느 날이었다.
외출을 좋아하지 않는 사람들도 엉덩이를 들썩이게 할 만큼 잔잔하고 따사로운 햇살. 핸드폰을 들고 연락처를 뒤져보게끔 만드는 그런 날씨였다.
혼자 사는 친구에게 전화를 걸면 반겨줄 것 같다는 막연한 느낌에 점심 즈음 연락을 해 봤다.
"뭐해?"
라는 나의 질문. 주위 잡음이 조금씩 들리는 것이 밖인 것 같았다.
"밥 먹어."
담담하게 식사 중이라는 친구. 함께 점심을 먹을까 했던 나의 계획은 일단 수포로 돌아갔다.
"밖이야? 누구랑?"
쓸데없는 궁금증이 발동 걸린 순간, 친구는 또 한 번 담담하게 대답했다.
"밖이야. 혼자야."
혼자서 식사 중이라는 친구. 그 소극적이고 소심한 친구가 밖에서 혼자 밥을 먹는다니 믿을 수가 없었다.
쇼핑도 혼자 가기를 꺼려하며 남의 눈을 의식하던 그 친구가 지금 이 친구가 맞는지 혼란마저 왔다.
"진짜?"
나의 질문이 쓸 데 없다 느껴졌는지 친구는,
"응, 나 밥 먹어야 해. 끊어."

라는 이야기를 끝으로 전화를 툭하니 끊어버렸다.

그날의 잔상은 꽤 오래도록 기억에 남았고, 얼마의 시간이 흐른 후 친구에게 물었다.
"너 그때 혼자 밥 먹으러 갔었던 거야?"
잠시 기억을 되짚어 본 친구는 대수롭지 않은 듯 대답했다.
"응, 거기 나 같은 사람 많아."
그랬다.
친구가 식사를 위해 갔던 식당은 혼자 먹는 사람들을 단골로 둔 식당이었다.
앞자리가 허전하지 않도록 벽을 마주하며 식사하는 사람들. 나이가 조금씩 들면서 느끼는 것 중 하나가 어차피 혼자 사는 세상이라는 것이다.

그래, 어차피 혼자 사는 세상. 먹는 것도 맛보는 것도 혼자다.

외식의 기술

외식 1단계 – 배달 음식

집집마다 서랍장 한켠에 꼭 쌓여 있는 책자가 있다. 바로 배달 음식점 안내서. 가히 배달의 민족이라 불리기에 손색없을 만큼 다양한 종류의 음식이 주문을 기다리고 있는데 음식점에 전화 건 후,

"하나만 시켜도 돼요?"

하는 질문 안 해본 사람 없을 것이다. 아니 '왜?', '내 돈 내고 먹으면서', 하나만 주문하는 상황을 면목 없어 하는 것일까. 이제부터는 당당하게 요구하자!

"짬뽕 하나요!"

"자장 하나요!"

스마트한 배달 어플리케이션 활용하기

스마트폰 배달 어플리케이션으로 주문과 결제가 바로바로 가능하다. 여기에 쿠폰과 포인트 적립이 쉬워 할인된 가격에 음식을 주문해 볼 수도 있다.

배달 음식 보관하기

왜? 맛있는 음식은 꼭 '중' 사이즈부터 나오는 것일까.

둘이서도 다 못 먹을 만큼 많은 양의 음식을 혼자 소화하기에는 무리다. 하지만 '먹고 싶다면?' 두고두고 먹을 수 있게 보관하는 방법을 알아보자.

밀폐 용기에 담아서

일단 음식을 보관하기 전에 신선도를 확인한다. 생선 관련 음식이나 기름기가 많은 음식, 냉면과 같이 차갑게 먹는 음식, 면으로 조리된 음식은 잘못 보관하면 뒤처리할 일이 더 많아지므로 권하지 않는다.

보쌈, 피자, 치킨, 돈가스 등은 밀폐 용기에 넣어 냉장 보관한다. 국이나 찌개 종류도 한동안 먹지 않는다면 밀폐 용기에 담아 냉동 보관한다.

국이나 찌개를 비닐봉지에 담아 냉동 보관하면 추후에 해동시킬 때 완전히 녹여야 하는 단점이 있다.

프라이팬에 튀기고, 냄비에 끓이고, 전자레인지에 돌려서

다시 먹을 때 치킨, 피자 등은 전자레인지에 1분 정도 돌려서, 보쌈은 프라이팬에 기름을 두르지 않고 살짝 익혀서, 돈가스는 프라이팬에 기름을 두르고 살짝 튀겨주고 국이나 찌개 종류는 냄비에 끓여서 먹는다.

외식 2단계 – 포장 음식

포장 음식은 말 그대로 집에 와서 먹기 간편하게 포장이 되어서 나온 음식이다.

요즘에는 국이나 찌개 등 한식 테이크아웃점이 많이 생겨나, 다양한 포장 음식을 판매하고 있으니 눈여겨 보자. 백화점이나 대형마트 식품 코너의 포장 음식도 추천하는 바이다. 더불어 혼자 밖에서 먹는 외식하기에도 안성맞춤인 음식점이 등장하고 있다.

'1인 다이닝', 혼자서 식사를 즐기는 1인 외식 문화를 가리키는 말로 미국과 유럽을 중심으로 퍼져나가는 트렌드다. 회전 초밥, 샤브샤브, 일본 라멘 등을 메뉴로 혼자서도 어색하지 않게 식사를 즐길 수 있는 공간이 마련되어 있다.

Part 4

Investment Techniques

싱글 재테크의 특징 중 하나는 '나 혼자 벌어서', '나 혼자 쓴다'는 것이다. 혼자
쓰는 만큼 금전적 여유가 생기기도 하지만 혼자 버는 벌이는 어디까지나 '뻔'하
다. 싱글 재테크 열전! 골드미스와 골드미스터가 되기 위한 비법을 안내한다.

'돈'을 중심으로 돌아가는 세상

24살, 처음으로 사회생활을 시작할 때였다. 첫 월급통장을 만들고 월급이 찍히는 날짜만을 기다렸던 설렘이 기억에 남는다. 처음으로 월급을 받고 차곡차곡 모아 금방 1억을 모으리라 다짐했지만, 1억은 언제 생길지 감감무소식. 이제 그동안 그 돈들은 다 어디로 갔을까 되짚어 보게 된다. 딱히 명품을 좋아하지 않아도 딱히 여행을 좋아하지 않아도 돈 모으기는 쉽지 않다. 물려받은 재산도 없고 한 달 월급으로 빠듯하게 한 달을 넘겨야 하는 대부분의 사람들에게는 '벌이'와 '쓰임'의 순환이 중요하다.

39살 종종 노처녀 소리를 듣는 S의 이야기.

스무 해 가까운 기간 동안 한 번도 쉬지 않고 직장생활을 해 왔다. 그녀가 기억하는 첫 월급은 정확히 138만 원. 4대 보험과 세금을 제한 액수였다. 만족스러웠다고 한다. 이제 갓 사회에 나와 세상 물정도 몰랐고 용돈으로 쓰기에 부족하다는 생각을 못했기 때문이다.

하지만 지금 그녀는 근심이 가득하다. 회사에서는 하루가 다르게 쟁쟁한 후배들이 치고 올라오고 회사를 관두기에는 딱히 갈 만한 곳도 없다. 그렇다고 기술도 없고, 통장을 정리해 보니 모아놓은 돈도 없고. 자신에게는 없는 것이 너무 많다고 했다. 그렇다고 월급이 많이 오른 것도 아니었다. 현재 그녀의 월급은 200만 원 정도. 매달 적지 않은 돈을 저금했다고 생각했지만 함께 사는 부모님 집 사는데 돈을 보태고 나니 지금 남은 돈은 3천 만 원 정도. S에게는 무엇이 필요했던 것일까.

만약 S가 일 년에 천만 원씩만 모았더라면 지금 결과는 조금 달라졌을 것이다. '이 월급으로 돈을 많이 모을 수 없어'라는 생각이 조금 더 많은 저금을 방해하고 돈 쓰는 일을 합리화시켰을지도 모른다. 더불어 20년 가까운 시간 동안 별다른 계획 없이 지금의 회사에서 전전긍긍했기에 지금의 월급이 S에게는 세상의 전부가 되었는지도 모른다.

장기적인 계획과 '나'의 성장과 발전은 '돈 모으기'에 있어 가장 중요한 항목들이다. 앞으로의 10년과 그 이상의 세월을 내다보고 계획을 세우는 일, 내 집 마련과 자동차 구입, 결혼과 출산 등 자신에게 다가올 미래의 일들을 예상하고 야무지게 준비를 해 놓는 것은 훗날 큰 힘이 될 수 있다.

29살, 이번에는 똑 부러지고 야무지기로 소문난 K의 이야기다.

K또한 20대 초반부터 직장 생활을 시작했다. 150만 원 남짓한 월급을 받은 K는 재테크에 대한 정보나 관심이 많은 편은 아니지만 제법 많은 돈을 모아 놓았다. 매달 회사 근처 은행에 소풍가듯 들려 쇼핑하듯 통장 개수를 늘렸다. 자주 보는 은행 직원과도 친분이 생겨 이런저런 재테크 정보를 얻어 K는 다양한 통장을 만들었다. 월급을 쪼개고 쪼개서 저금을 하며 K는 꿈을 키웠다. 사이버 대학에 다니며 자격증을 땄고 실력을 갈고 닦아 몇 년 후에는 직업을 바꾸겠다는 계획을 세우며 대학원 진학에 대한 꿈도 생겼다.

그런 K가 이십대 마지막 12월에 결혼을 한다는 소식을 전했다. 결혼 준비와 관련해 대화를 나누면서 혼수는 생략하고 집 구하는 비용에 절반 정도를 보태었다는 이야기를 들었다. 주위에서는 '현명하다', '실속있다'며 K를 격려했다. K 또한, 되도록 허례허식을 생략하고 앞으로의 인생에 필요한 '돈'에 집중하고 싶다는 말을 전했는데 느껴지는 바가 많았다. 치열한 현대 사회에서 '돈'은 자신을 지키는 수단이자 경쟁력이라는 사실을 K는 알고 있었다. 시간과 노력을 '돈'으로 보상받는 시대, 조금 더 알뜰하게 모아 조금 더 많이 모을 수 있는 돈 모으기의 방법을 실천해 보자.

나 혼자 번다

 ×  =

돈을 모으는 일은 생각처럼 쉬운 일이 아니다. 때로는 궁상맞은 절약도 필요하고 때로
는 과감한 결단도 필요하다. '나 혼자 버는 돈'은 한계가 있기 마련이다. 이 한계를 최
대치로 끌어올리기 위한 작전, 그 워밍업을 시작해 보자.

재테크 워밍업 5단계

1단계 – 나를 알아야 돈을 모은다

재테크의 첫 걸음은 나를 알아야 한다는 것이다. 나의 한 달 수입과 지출의 형태를 정확하게 파악하고 있어야 한다. 한 달에 저금하는 돈과 식비, 핸드폰 요금, 보험료, 연금 등 지출 목록을 세세하게 분류해 자신의 소비 패턴이 어떤지 분석하는 작업을 한다.

2단계 – '나의 것'을 파악한다

소비 패턴을 분석한 후 해야 할 작업은 집을 정리하는 일이다. 각종 생활 잡화와 안 입는 옷, 화장품, 그릇들을 정리하는 것이다. 물건을 사기 전에는 소유 욕구가 상승하지만 막상 물건을 갖게 되면 소중함을 잊게 되는 경우가 있다. 내가 가진 것, 나에게 주어진 것을 살펴보며 버릴 것을 구분한다. 꾸준한 정리는 소비를 줄어들게 한다.

3단계 – '인생 계획'을 세운다

대다수 사람들이 돈을 모으는 이유는 '나'를 위해서다. 나의 인생 계획과 목표를 점검한다. 인생 계획에 따라 필요한 비용을 예상해 보고 앞으로의 지출 패턴을 설계한다.

4단계 – '목표'를 설정한다

재정 상태 파악을 마쳤다면 이제 단기적, 장기적으로 얼마를 모을지 계획을 세운다. 목표치를 지나치게 높게 잡거나 낮게 잡지 않고 현재의 벌이와 정기 지출을 충분히 감안해 설정한다.

5단계 – '은행'에 간다

저금은 지출보다 먼저 해야 한다. 은행에 가기 전, 거래하기 편한 주거래 은행을 정하고 인터넷을 통해 예금 상품을 충분히 파악한다. 이 중에서 금리가 높은 저축에 대한 정보를 얻는 것도 좋다.

단돈 만 원이라도 꾸준히 모을 수 있다면 통장을 만들도록 한다. 티끌 모아 태산이라는 속담처럼 적은 돈이 모이면 큰돈이 되는 것은 변함없는 사실이다.

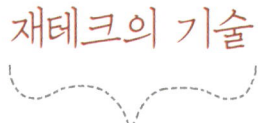

재테크의 기술

재테크 1단계 – 재테크에도 '구성'이 필요하다

똑같은 월급을 받고, 똑같은 밥을 먹었는데 나보다 돈을 더 많이 모은 사람, 주위에 분명 있을 것이다. 내가 아주 어렵게 모은 돈을 사고 싶은 것 사면서 가볍게 모으는 사람, 주위에 분명 있을 것이다. 상황은 같지만 결과는 다른 재테크 고수들의 돈 모으기 비결! 이들의 재테크 기술을 알아보자.

재테크의 첫걸음은 돈을 버는 것이다. 수입이 생겨야 돈을 모을 수 있기 때문이다. 고만고만한 나이에 졸업하고 취직을 하면 고만고만한 월급을 받는다. 하지만 몇 해가 지나면 고만고만하게 모았을 것 같은 월급이 누구는 조금 더 보태면 집을 살 정도고, 누구는 한 달 카드 값 막기에도

벅찬 실정으로 변한다. 이유는 '어떻게' 짜임새 있게 돈을 사용했느냐에
따라 달라진다.

재테크에도 '구성'이 필요하다. 큰 뼈대를 세우고 살을 붙이고 목표를 향
해 완성해 나가는 단계가 필요한 것이다.

새는 돈을 재산으로

'새는 독에 물 붓지 마라'는 말이 있다. 돈도 마찬가지이다. 새는 돈을 재
산으로 만드는 것이 재테크의 가장 큰 능력 중 하나다. 한 푼 두 푼으로
치부되는 새는 돈이 알짜배기 자산이 될 수 있다.

잠자는 저금통을 깨워라

저금통을 집안 여기저기에 배치한다. 새해 첫 날 장만한 돼지 저금통부
터 안 쓰는 페트병, 유리병 등을 저금통으로 개조해 가장 잘 보이는 곳
에 놓는다. 외로이 서있는 저금통을 보면 동전 하나라도 넣어 인심을 쓰

고 싶기 마련이다. 굳이 저금통이 다 차지 않더라도 한 번씩 은행에 저금통을 가져 간다. 저금통 통장을 따로 마련해 꾸준히 저금하다 보면 제법 큰돈을 모을 수 있다.

체크카드로 나의 자산을 체크하라

신용카드보다 체크카드를 사용한다. 체크카드는 사용할 때마다 돈이 빠져 나가기 때문에 한 달 생활비 범위에서 사용할 수 있으며 잔액을 수시로 체크하게 되지만 신용카드는 자칫 방심하고 제한 금액까지 긁을 수 있다.

2014년부터 세법 개정으로 신용카드 소득공제율은 10%인 반면 현금영수증과 체크카드는 30%의 소득공제율을 적용하고 있다. 단, 체크카드나 현금영수증의 소득 공제는 사용 금액이 본인 연봉의 25%를 초과하는 금액부터 소득공제를 받을 수 있다. 각종 신용카드 회사의 혜택을 충분히 활용하는 사람이라면 신용카드를 추천하지만 그게 아니라면 체크카드와 현금영수증 사용을 선택하는 것이 현명하다.

선 저축, 후 소비를 명심하라

수입이 생기면 저축을 먼저 하는 패턴을 익힌다. 혼자 쓰고 관리하는 돈이지만 선순환이 필요하다. 저축 계획을 잘못 세우면 월급날 카드 값과 각종 공과금으로 모두 써버리게 되어 결국 통장에는 얼마 남지 않을 수 있다. 이런 경우에는 패턴을 바꾸기 위해 몇 개월의 시간을 소비할 수밖에 없다. 때문에 월급의 50% 이상을 저축하고 나머지 돈으로 짜임새 있게 생활을 유지한다.

가계부로 가계를 살려라

가계부 기록은 흔히 재테크의 시작점이라고 한다. 알뜰살뜰 아끼기 위해
서는 가계부를 쓰는 것이 중요하다. 저축, 보험, 공과금, 용돈이라는 큰
지출에서 좀 더 세부적인 지출을 기록하면 새어나가는 돈을 꽉 잡는 데
중요한 역할을 한다.

시중에는 수첩 형식으로 간단하게 기록할 수 있는 가계부들도 많이 나
와 있으므로 참고하자. 또는 은행이나 어플리케이션 가계부를 사용해
기록을 하면 계산이 쉽고 빠르게 될 수 있다.

어플리케이션

언제 어디서나 지출하는 비용을 즉시 기록을 할 수 있다는 장점이 있다.
카드 등록을 하면 사용과 함께 이달의 카드 지출 내역을 기록하기 때문
에 전체적인 지출 사항을 한 눈에 파악할 수 있고 무엇보다 계산이 빠르
고 정확하다.

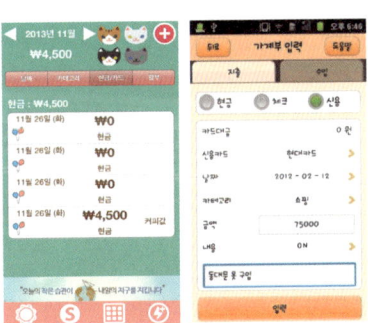

수첩

가장 보편적이면서 전통적인 방식이다. 팬시점이나 문구점에 방문하면 소지하기 간편하고 얇은 다양한 종류의 가계부가 나와 있다. 수첩 형식의 가계부는 지난 지출 내역을 파악하는 데 도움이 된다.

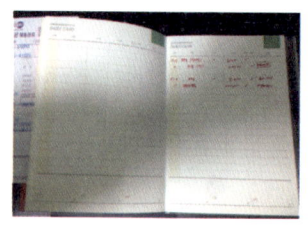

지출 습관을 개선하기 위한 첫 번째가 자신의 패턴을 파악하는 것인데 수첩은 지난 지출과 수입이 순차적으로 기록되어 있어 분석하기에 용이하다.

메모

메모 형태로는 포스트잇을 활용할 수 있다. 하루 지출 내역을 포스트잇 한 장에 메모한 후 한달치를 모으는 방식이다. 기록이 간편한 대신에 몇 개월 이상의 지출 흐름을 파악하기가 어렵고 공과금, 카

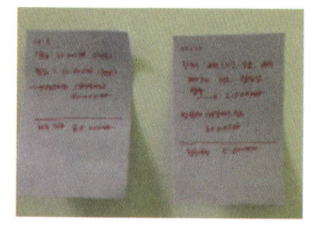

드 값 등 계좌에서 자동이체되는 지출 내용과 수입 내용을 정리하기 불편하다는 단점이 있다. 하지만 가계부를 기록하는 습관을 들일 때 추천하는 방법이다.

통장 쪼개기, 소비도 투자다

짜임새 있는 소비생활을 위해서는 '쪼개기'를 기억해야 한다.

혼자 사는 살림이지만 1인 가구의 주인으로서 가계를 운영한다는 마인드를 갖고 야무지게 돈을 운용해야 하는 것이다. 돈에 허덕이기 시작하면 악순환이 반복된다는 것을 잊지 말고, 통장 쪼개기를 통해 생활하는 방법을 알아보자.

통장 쪼개기

통장 쪼개기에 돌입하기 전, 먼저 주거래 은행부터 결정한다. 주거래 은행을 결정할 때는 0.1%의 이자에 연연하기보다 집, 직장, 학교와 가까운지, 월급이 이체되는 은행인지 등을 파악해 자주 이용하기 쉬운 곳을 우선순위에 둔다.

두 번째로는 현재 어떤 통장이 있는지 점검한다. 장기 저축 통장의 종류는 어떤 것이고 얼마의 자본이 모였는지 등을 파악하는 것이다.

세 번째로 필수 지출 항목을 염두에 둔다. 독립 가구에서는 매달 지출되는 필수 비용이 발생한다. 핸드폰 요금, 가스 요금, 인터넷 요금 등 필수 지출 항목을 기억해야 무리한 재테크를 진행하지 않는다.

통장 관리하기

급여 통장, 생활비 통장, 재테크 통장, 비상금 통장 등으로 나누는 것이 좋다.

급여 통장

직장인의 경우 대개 회사 주거래 은행이 있기 때문에 해당 은행에서 계좌를 개설하는 경우가 많다. 이때, 계좌이체 수수료를 면제받을 수 있는 통장을 찾아서 가입한다. 아무래도 급여 통장에서의 이체가 가장 잦기 때문이다. 또한, 혜택이 많은 수시입출금통장이 있는지 알아보고 예금 상품의 특징을 잘 파악하도록 한다.

생활비 통장

생활비 통장은 관리비 통장, 쇼핑 통장, 생활비 통장으로 나눈다. 이 중 생활비 통장을 제외하고는 되도록 체크 카드나 현금 카드를 만들지 않는다. 돈을 빼서 쓰기 어려워야 한 푼이라도 절약하는 데 도움이 되기 때문이다.

관리비는 연체할 경우 추가 연체 요금이 붙을 수 있으므로 월급이 들어오면 가장 먼저 결제하거나 자동이체해 놓는다.

쇼핑 통장은 한 달에 1~2만 원씩이라도 6개월에서 1년 단위의 적금 형태로 모으는 것이 좋다. 사고 싶은 물건, 특히 목돈이 들어가는 물건을 구입할 때 유용하게 사용할 수 있다.

생활비 통장은 집 주위 가장 가까운 은행의 것으로 개설하는 것이 좋다. 돈을 인출하거나 은행 업무가 필요할 때 쉽게 돈을 찾을 수 있기 때문이다.

비상금 통장

비상금 통장은 언제 어디서 발생할지 모를 불상사를 대비하기 위해 만들어 놓는 통장이다. 각 가구당 비상금 통장에 넣어두면 좋은 이상적인 금액은 대략 천오백만 원 정도. 만약 여유가 안 된다면 보관할 수 있는 최대한의 목돈을 입금하고 자유적금 형태로 여윳돈이 생길 때마다 수시로 입금한다.

재테크 통장

돈을 모으기 위한 통장이다. 재테크 통장도 인생 계획에 따라 여러 개로 나눌 수 있다. 해외 연수나 유학, 자동차 구입, 내 집 마련 등 확실히 이루어야 할 목적에 따라 목적 통장을 만들고 일정 금액씩 자동 이체한다. 중요한 점은 장기 저금은 비과세 저축 상품의 혜택을 최대한 누려야 한다는 것이다.

잠깐, tip

비과세 저축이란?

이자 소득에 대해 세금을 물리지 않는 금융 상품이다. 보통 금융 상품의 이자에 대한 세율은 소득세 14%와 주민세 1.4%를 더한 15.4%이다. 비과세 저축 상품으로는 100% 비과세 혜택을 제공하는 생계형 저축과 장기저축 보험성 상품, 재형저축 등이 있다.

금융 상품 교양 백과

재테크를 하며 알아두어야 할 금융 상품 종류와 기본 지식을 공개한다.

CMA(Cash Management Account)

시중 은행의 입출금 통장처럼 사용할 수 있다. 증권사나 종금사에서 만들 수 있으며 기본적인 금리 혜택은 물론 추가 실적에 따라 자동화기기 이용 또는 송금 이체 수수료 무료 혜택 등이 있다.

CMA는 보통 다양한 금융 상품에 투자해 얻은 돈을 이자 혹은 수익의 형태로 고객들에게 준다.

MMF(Money Market Fund)

머니마켓펀드(MMF)란 투자신탁회사가 단기금융상품에 집중 투자해 단기 실세 금리의 등락이 펀드 수익률에 신속히 반영될 수 있도록 해 놓은 초단기 공사채형 상품이다

MMW(Money Market Wrap)

신탁은 아니지만 고객이 자산을 증권사에 맡기면 증권사는 신용 등급 AAA 이상인 한국증권금융 등 우량한 금융 기관의 예금, 채권, 발행어음, 콜론(call loan) 등 단기 금융 상품에 투자하고, 그에 따른 실적을 지급하는 상품이다.

날마다 일일 정산을 통해 익일 원리금(원금+이자)을 재투자해 복리 효과를 볼 수 있어, '일복리'라고도 하며 비교적 안정적이다.

펀드(Fund)

펀드란 다수의 투자자들로부터 자금을 모아 투자자를 대신하여 전문적인 운용 기관인 자산운용회사가 주식, 채권, 부동산 등의 자산에 투자해 운용한 후 그 투자 실적을 투자자들에게 그대로 되돌려주는 형식의 금융 상품이다.

잠깐, tip

예금자 보호 확인하기

금융 기관이 영업 정지나 파산 등으로 고객 예금을 지급하지 못할 경우 해당 예금자는 물론 전체 금융 제도의 안정성도 큰 타격을 입게 된다. 이러한 사태를 방지하기 위하여 우리나라는 예금자보호법을 제정하여 고객의 예금을 보호하는 제도를 갖추고 있는데, 이를 '예금보험제도'라고 한다. 2001년부터는 예금부분보호제도로 전환하여, 2001년 1월 1일 이후 부보금융기관이 보험 사고(영업 정지, 인가 취소 등)가 발생하여 파산할 경우, 원금과 소정의 이자를 합하여 1인당 최고 5천만 원까지 예금을 보호하고 있다.

청약 통장

청약 통장에는 청약 저축, 청약 예금, 청약 부금의 3종류가 있다.

청약 저축

청약 저축은 전용 85㎡ 이하 규모로 국민주택기금의 지원을 받아 짓는 국민주택을 분양 또는 임대받을 수 있는 통장이다. 국민주택기금의 지원을 받아 짓는 민영 아파트, 주택공사, 도시개발공사가 공급하는 전용 면적 85㎡ 이하의 국민 주택, 임대 주택 등을 분양받을 수 있다.

청약 부금

매월 5만 원 이상 50만 원 이하 금액을 일정 기간 납입하면 85㎡ 이하의 민영 주택 또는 민간 건설 중형 국민주택 청약권이 부여되는 것을 주택 청약 부금이라고 한다.

청약 예금

일정 금액의 목돈을 정기 예금으로 예치하여 일정 기간이 지나면 민영  주택(85㎡ 이하의 가입자는 민간건설 중형 국민주택을 포함)청약권이 부여되는 예금을 말한다. 민간 건설업체가 짓는 민영 주택을 분양받을 자격을 얻기 위해 가입하는 예금이다.

재테크 2단계 – 자산 관리는 영리하게

사회 초년생이 되면 가장 먼저 고민하는 것이 보험 가입이고 은퇴를 앞둔 세대가 가장 많이 고민하는 것은 노후 설계다.

보험과 노후 설계의 공통점은 '불안함'에 대한 보장이다. 춘추전국시대를 방불케 할 만큼 다양한 보험 상품과 연금 상품의 홍수 속에서 현명한 자산 관리 방법은 무엇인지 알아보자.

NH농협손해보험의 방카매니저 박정근 과장. 은행원, 보험 직종 관계자들을 대상으로 강의와 매니저 업무를 주로 하며 일명 '완소남'으로 통하는 '금융맨'이다. 30대 중반의 골드미스터이기도 한 그가 꼭 필요한 재테크 노하우를 공개했다.

"나에게 주어진 돈은 어떠한 값이기도 하다.
때로는 나에 대한 값, 내가 세상을 살 수 있는 값,
그 값을 어떻게 활용하느냐에 따라 인생을 좀 더
값지게 살 수 있다."

매 순간 선택하고 빠르게 결정해야 하는 시대에 살면서 재테크에 대한 주관은 '기회 비용'을 결정짓는 데 큰 역할을 한다. 이미 쓴 돈은 돌아오지 않는다. 그만큼 영리하게 선택하고, 후회 없이 집중할 수 있도록 해야 한다. 앞으로의 인생에서 가장 중요한 목표와 꼭 필요한 돈을 계산해 보는 작업부터 시작해 보자.

100명은 족히 넘을 것 같은 강의실. 방카매니저 박정근 과장의 강의는 신선했다. 군더더기 없는 짧고 간단한 설명. 그의 강의 핵심은 이렇다. '금융 상품에 대한 분별력을 기르는 것!' 바로 그것이다.

좋은 상품은 대중이 먼저 알아본다는 박정근 과장이 생각하는 재테크는 무엇일까. 다양한 싱글들의 질문에 대한 명쾌한 답이 시작됐다.

1인 가구 싱글들의 고민인, 재테크, 보험, 연금에 대한 궁금증을 박정근 과장의 똑똑한 금융 사용 설명서를 통해 잘 해결하자.

NH농협손해보험 경기지역본부 박정근
과장과 함께하는 재테크 실전 노하우

똑똑한
금융 사용 설명서

**NH농협손해보험
박정근 과장**

꼭 필요한 보험을 알려주세요

어느 20대 초반 회사원의 Q. 취업한 지 두 달째
입니다. 첫 달 월급으로는 생활비 쓰고, 친구들
월급턱 쏘고, 부모님 용돈 드리고 났더니 남는 돈
이 없더군요. 이제 두 번째 월급부터는 본격적으
로 저금도 하고 보험 가입도 하려고요. 그런데 어
떤 보험을 가입해야 할지 막막하네요. 정말 기본
적으로 꼭 가입해야 할 보험만 알려주세요.

박정근 과장의 A. 일단 실비 보험 가입을 권하고 싶네요. 싱글들은 아
프면 제일 서럽습니다. 저도 싱글이니 조금 알지요. 병원 통원을 하든
입원을 하든 몸이 아프면 정신적으로 고달프게 되어있는데 경제석으로
도 허하면 안 됩니다. 실비용이 나오는 의료보험에 가입하면 경제적으
로나 정신적으로 안정됩니다. 비용은 3~4만 원 정도로 잡으면 되겠네
요. 그리고 운전을 한다면 운전자 보험을 권하겠습니다. 자동차보험만

으로는 운전자 과실 사고 시 합의금이 안 나올 수 있기 때문에 1~2만 원짜리라도 준비하기를 권합니다.

덧붙이자면 30대 중반이라면 3대 질환(암, 뇌혈관, 심장 질환) 진단비 추가를 하는 것이 좋습니다. 나를 지키기 위한 책임감이라고 할까요. 여성의 경우에는 초혼 연령과 함께 초산 연령이 높아지면서 여성 질환 발생 비율이 높아지고 있습니다. 이에 대비해 비갱신형으로 보험 가입을 고민해 보는 것이 좋겠지요. 20대라면 최소 5만 원의 비용으로 40대라면 10만 원의 비용이라도 보험에 투자해야 합니다.

노후 준비, 연금 상품이 답일까요

어느 30대 후반 자영업자의 Q. 회사를 그만둔 지 2~3년 되었습니다. 지금 하는 장사를 언제까지 할 수 있을지도 모르겠고 혼자 벌어서 혼자 쓰고 있지만 여기저기 돈 나갈 곳은 많고, 결혼 계획도 없고 당연히 자녀도 없고, 이쯤 되니 노후 준비를 어떻게 해야 할지 막막하네요. 지금이라도 연금 보험 상품을 가입해야겠지요?

박정근 과장의 A. 요즘 사람들 연금에 정말 관심이 많은데요. 그만큼 누구도 미래를 보장해 주지 않는 험난한 사회, 각박한 세상에 살고 있다는 이야기겠죠. 연금에 대해 묻는다면 저도 묻고 싶습니다. "재테크에 조금이라도 관심이 있나요?" 질문의 이유는 이렇습니다. 연금 상품은 재테크에 관심이 없는 그야말로 먹고 살기 바빴던 베이비부머 세대에게는 추천하고 싶습니다. 하지만 재테크에 조금이라도 관심이 있다면

"연금 상품이 나에게 필요할까?"라는 고민을 꼭 하길 바랍니다. 오랜 시간 투자해서 불린 자산을 시간이 흐른 후 받는 것이 연금인데 굳이 같은 돈을 20~30년 묶어 놓을 필요가 있을까요. 조금만 부지런히 움직여 찾아보면 통장 순차돌리기로 진정한 복리를 실현할 수 있습니다. 금융 상품은 진화합니다. 그리고 10년 비과세 혜택을 잊지 마세요. 장기 저축 금액을 일정 부분 정해서 비과세 보험이나 통장에 분산 투자하고 만기가 되어 이자와 함께 또 다시 투자한다면 연금 이상의 효과를 볼 수 있겠지요.

저금, 한달에 얼마씩 해야 할까요

어느 20대 후반 회사원의 Q. 지방에서 서울로 올라와 혼자 살고 있는 29살 여성입니다. 원래 결혼 생각이 없었는데, 1년 전부터 남자친구를 사귀면서 결혼에 대해 심각하게 고민 중입니다. 제일 큰 고민은 아무래도 돈이지요. 그동안 너무 계획 없는 소비를 한 것 같아 후회가 막심합니다. 돈 모으기 지금이라도 늦지 않았겠지요? 재테크 비율에 대해 알려주세요.

박정근 과장의 A. 개인적인 인생의 그림에 따라 다르지만 일반적으로 인생 과업에 충실하다면 100만 원을 기준으로 말씀드리겠습니다. 이 중 50%정도 재테크를 한다면 일단 5만 원은 보장성 실비 보험과 운전자 보험에 들어가고 35만 원은 적금으로 돌려서 예치시킵니다. 이 중에는 청약 통장도 들어가니 참고하세요. 나머지 10만 원은 장기 비과세 통장을 만들어서 보험의 힘을 빌려 장기 저축 보험 등으로 운용하는 겁니다.

주식으로 돈 벌기 가능할까요

30대 초반 회사원의 Q. 올해 직장 4년차 남성입니다. 30대가 넘으면서 남자들이 모여서 하는 이야기 중 하나가 주식입니다. 회사 선배 중 한 명도 주식이 잘 되어서 차를 바꿨더군요. 저도 아주 적은 돈이라도 주식을 시작해 볼까 하는데 괜찮을까요? 아니면 요즘 투자 상품도 많은 것 같은데 위험 부담은 있더라도 직접적인 투자를 시작해 보는 것은 어떨까요?

박정근 과장의 A. 30대 초반, 직장 4년차라고 하셨지요. 부지런히 돈을 모았다면 어느 정도 목돈이 생겼을 시기네요. 그 시기에는 주식이나 투자 상품에 관심을 갖는 분들이 많습니다. 일단 확실히 말씀드리겠습니다. 주식이나 경매는 본인이 시간적 여유가 아주 많지 않은 이상, 다양한 정보를 얻을 수 있는 채널이 없는 이상, 직장인의 경우 100전 99패입니다. 물론 돈에 대한 타고난 감각을 발휘해 직장 생활과 겸해 돈을 버시는 분들도 계십니다. 하지만 극히 소수입니다. 개인적으로 정보도 많고 금융 흐름과 밀접한 직업을 가진 저 또한 투자를 진행해 손해를 보는 경험이 있습니다.

대학 시절에는 주식으로 반짝 수입을 얻기도 했지만 지금 그 돈은 어디에 있는지 저도 모르겠네요. 쉽게 벌고 한 번에 들어오는 목돈은 젊은 사람들의 경우 파티와 유흥비로 쓰는 일이 많습니다. 제가 그때로 돌아가 간다면 10년 비과세 계좌를 만들었을 것입니다. 지금쯤 이자가 불어난 목돈이 쥐어져 있었을 거라는 행복한 상상을 하게 되는데요. 다시 말씀 드리자면 저축의 20~30%는 투자보다 비과세 복리 상품에 가입하는 것입니다.

보험 가입과 은행 선택에도 노하우가 있나요

20대 초반 대학생의 A. 아직 취업도 못했는데 보험 가입 권유를 자주 받습니다. 이야기를 듣다 보면 솔깃해져서 갈팡질팡 할 때가 많아요. 재테크의 첫 단계는 무엇인가요? 현명하게 보험 가입하는 방법, 은행 선택하는 방법이 있을까요?

박정근 과장의 A. 갈팡질팡하는 이유, 아직 재테크의 밑그림이 안 그려져 있기 때문입니다. 인생의 그림을 그려보세요. 남들 하는 것 따라 하지 말고 나만의 계획을 세우는 것입니다. 내가 결혼을 할 수도 있고 안 할 수도 있고, 아이를 낳을 수도 있고 안 낳을 수도 있는 것인데, 보험 가입을 유도할 때 항상 비슷한 인생 패턴에 맞추어 권유합니다. 금융 상품은 내 인생을 책임지지 않습니다. 무작정 인기 히트 상품에 가입하는 것은 금융회사의 노예가 되는 것이죠. 재테크하기 힘들고 어렵다면 전문가를 만나보세요. 인터넷 재테크 카페도 찾아보고 관련 서적도 읽어보고요. 대부분의 재테크 전문가 중에는 상품을 판매하기 위한 사람들도 있다는 점을 명심하고 이들의 세일즈 화법에 넘어가지 마세요. 이렇게 알아가다 보면 착한 정보와 나쁜 정보를 분별하게 되고 나와 맞는 공통 분모가 있는 상품을 발견하게 됩니다. 요즘에는 자본시장통합법에 따라 금융 상품도 마트처럼 모아놓은 금융 대리점이 있습니다. 그런 곳에서 두 명 이상에게 컨설팅을 받아보는 방법도 있겠네요. 20대 초반이라면 일단 시대가 바뀌어도 인기를 끌고 있는 주택 청약상품을 추천합니다. 요즘에는 1순위여도 경쟁률 높은 아파트 당첨이 쉽지 않습니다. 은행 금리를 비교하는 것은 의미가 없습니다. 재테크 사이트와 자신의 여건을 참고해 주거래 은행을 잡습니다. 장기적으로 이용하고 한 은행에 거래 실적을 늘리는 것이 중요합니다. 이자 0.1% 차이에 집착하지 마세요.

허심탄회한 재테크 상담이 끝나고 며칠 후, 그에게서 한 통의 메일이 왔다. 이야기 중 빠뜨린 가장 중요한 이야기가 있다는 것.
역시나 짧고 간단한 메시지, 그 안에는 많은 의미를 담고 있었다.
마지막, 재테크의 핵심은?

"재테크의 최고는 자기 몸값을 올리는 것
그것이 가장 확실하고 안전한 방법"

재테크계 완소남 박정근 과장이 싱글들에게 추천하는 재테크 BOOK

재테크는 적극적이어야 한다. 내 돈을 관리하는 일인데 밖으로 새나가는 '꼴'을 보고만 있을 수는 없지 않은가. 그 '꼴'을 보지 않기 위해 최소한의 재테크 상식과 교양 정도는 갖춰야 하지 않을까.

재테크 정보의 홍수 속에 다양한 책들이 쏟아져 나오고 있지만 재테크에 관심을 가진 사람들이 읽으면 좋은 책들을 박정근 과장이 추천했다.

한국의 부자들 (한상복 저)

100명이 넘는 알부자들의 돈 버는 노하우가 담겨있다. 자수성가한 사람들의 성공담과 이들의 공통분모를 공개했다. 혼자서 벌고 혼자서 모아야 하는 1인 가구, '싱글'들에게 돈에 대한 가치관과 목표, 마인드는 매우 중요하다.

돈버는 사람은 분명 따로 있다 (이상건 저)

1인 가구의 대다수를 차지하는 연령대는 단연 20대다. 그중에서도 직장인들이 많은 비중을 차지한다. 이 책은 제테크 전문 기자로 활동한 저자가 샐러리맨들에게 실질적인 도움을 주기 위해 쓴 책이다. 재테크를 어려워하는 싱글들에게 저축 방법과 재테크 기초를 쉽게 풀이하고 있다.

재테크 쇼크 (송승용 저)

금융상품과 돈에 대한 기본기를 다져주는 재테크 지침서다. 복리, 금리, 펀드, 보험에 대해 이해하기 쉽게 설명했다. 금융 회사들이 알려주지 않았던 재테크 원리와 상품 지식을 분석해 놓았다.

재테크 3단계 – 알뜰살뜰 살아보기

사업을 하지 않는 이상, 로또에 당첨되지 않는 이상, 막대한 유산을 상속받지 않는 이상 목돈이란 오랜 세월과 인내로 만들어진다. 쉽지 않은 돈 모으기 목표 실현을 조금 빨리 이룬 사람이 있다. "목돈 모으기 참 쉬웠어요"를 외치는 이들의 알뜰살뜰 생존 비법을 전수받아 보자.

만 원의 행복?

"나에게는 만 원의 지옥이었는데요."

30살 여성, S의 이야기. 대학 때부터 시작된 서울 자취생활과 취업. 근 10년을 솔로 생활을 이어가며 돈의 중요함을 뼈저리게 깨달았다고 한다. "학자금, 용돈, 보증금 빼고 모두 다 자급자족하면서 살아왔으니까요." 정말 알뜰하게 살았다고 한다. 돈이 생기면 쓰기보다 저금하기에 바빴고 남들 쇼핑할 때 양말에 난 구멍을 메우며 그 나이답지 않게 지독하게 살았다는 것이다. 그래서 그 결과는?

지방에 소형 아파트 한 채를 가진 집주인이 되었다. 물론 서울이나 경기 도권에 비해 확실히 저렴한 가격으로 구입했지만 집 계약 문서를 볼 때마다 스스로가 대견하다.

개봉박두, S의 자산 모으기 비법은?

'만 원의 행복'을 차용한 '오만 원의 행복'이었다.

처음에는 각종 세금과 생활 요금을 제외한 용돈 만 원으로 일주일을 버텨보겠다고 결심했지만 작심삼일에도 못 미치는 이틀 만에 결심이 무

너졌다.

"정말이지 나에게는 만 원의 지옥이었어요."

오히려 자신의 룰에 갇혀 스트레스만 받다가 고심 끝에 다시 정한 방법은 일주일에 오만 원이었다. 일단 하루, 일주일 단위로 내가 주로 돈을 어디에 쓰는지 파악해야 한다고 S는 말했다.

"모두가 나가서 커피 한 잔 마실 때, 혼자서 물만 들이키면 그것만큼 못나 보이는 것도 없어요."

돈이 지배하는 시대, 돈이 인간성을 결정짓는 세상에서 절약을 위해서는 센스와 재치도 겸비해야 한다는 S는 오만 원이란 용돈으로 어떻게 일주일을 버텼을까.

{ 일주일 교통비 15,000원 / 일주일 식자재 구입 및 장보기 비용
10,000원 / 밥값 10,000원 / 커피값 8,000원 / 비상금 7,000원 }

S는 연초에 용돈 통장을 따로 만들었다. 300만 원이 입금된 예금통장을 만들고 주마다 5만 원씩 꺼내어 썼다. 쇼핑도 포함된 금액이었다. 신용카드나 체크 카드는 거의 사용하지 않았다. 월급에서는 공과금만 빠져나가고 나머지는 보험, 저축, 펀드 등에 분산투자했다. 분명 지출이 많은 주가 있고 지출이 적은 주가 있다. 이럴 때는 지난 수의 비상금을 이월시키는 방법도 있다. 융통성이 필요했다.

"중요한 것은 자신이 정한 원칙을 지나치게 강조하면 안 된다는 거예요. 인생이 어떻게 흐를지 모르는 것처럼, 돈도 그렇더라고요."

자취 10년차의 내공이 묻어나는 이야기였다.

우아하게 가난해지는 법

"없다! 지지리 궁상을 떨어야 모을까 말까 한 게 돈이다!"

딱 보기에도 유행이 지난 코트와 색 바랜 니트. 허름한 외모의 정석을 보여주는 듯한 이미지로 나타났다. 33살 회사원이자 자영업자, 친구와 동업으로 작게 장사를 하고 있다는 P.

하지만 눈빛과 행동에는 자신감과 아우라가 가득 담긴 모습이었다. 돈도 많이 모았을 텐데 이제는 좀 쓰라는 말에,

"목표가 있어요."

하며 짧지만 강한 부정의 대답을 내놓았다.

그는 고만고만한 벌이의 사람들이 명품 가방을 사고, 외제차를 사는 이유가 정말 부자는 못 되더라도 부자로 보이고 싶은 욕구, 이른바 '허세'인 것 같다고 말했다.

그렇다면 그의 자산은 어떻게 될까?

"지금까지 현금 자산은 딱, 2억 5천 모았네요."

누군가의 도움을 받지 않고 한 푼, 두 푼 차곡차곡 모은 돈이라고.

그가 밝힌 재테크 비법은?

"남들 쓸 때 안 쓰는 거지요."

우아하게 가난해지는 법은?

"없어요. 지지리 궁상을 떨어야 모을까 말까 한 게 돈입니다."

그의 곁에는 메모지와 포스트잇이 언제나 함께했다. 돈을 쓸 때마다 가

장 먼저 핸드폰 액정에 포스트잇을 붙이고 메모를 했다.

"각성하는 겁니다. 돈을 쉽게 쓰지 않기 위한 방법 중 하나지요."

그렇다고 무조건 돈을 모으기만 한 것은 아니다. 친구와 동업을 결정한 후에는 과감하게 투자했다. 여기에 들어간 돈만 3천만 원 이상이다. 더불어 영어 공부의 필요성을 느껴 일주일에 한 번씩 원어민 강사에게 개인 레슨을 받는다.

"궁상을 떨어도 쓸 때는 써야죠. 솔직히 그래야 욕을 안 먹기도 하고, 무엇보다 자신의 내면을 성장시킬 수 있는 투자에는 아낌없어요."

이렇게 이야기하는 P에게서 유행 지난 옷 너머로 강한 자신감이 보였다.

Part 5

Culture

요즘 싱글들은 바쁘다. 쉬는 날 바닥을 뒹굴며 리모컨 놀이를 하던 시대는 지났다. 주위 대다수 싱글들의 주말은 이미 몇 주 전부터 스케줄 만차 상태인 경우가 많다. 무엇을 하는지 속속들이 알면 참 다양하고 재미있는 인생을 산다는 것이 팍팍 느껴질 정도. 재능 기부 또는 봉사 활동을 하거나 전시장에 가고 그림을 그리거나 운동을 하는 등 자신만의 시간을 알차게 보내는 것이다.

'나를 위한, 나에 의한, 나의' 라이프 스타일 찾기

테이크아웃 커피전문점에서 친구를 기다리던 어느 날인가의 저녁이었다. 문득 고개를 들어 매장을 둘러보니 다양한 사람들이 다양한 방법으로 시간을 보내고 있었다. 전자 사전을 두드리며 오직 영어로 대화하는 사람들, 딱 보기에도 소개팅 분위기가 느껴지는 남자와 여자, 동호회에서 만났는지 아이디를 이름 대신 부르며 카메라 관련 용어들을 쏟아내는 옆 테이블의 사람들, 혼자서 유유자적 시간을 보내며 책을 보거나 노트북 작업을 하는 사람들이 공간을 채웠다.

사람들은 다양한 방법으로 인연을 맺고 시간을 보낸다는 것이 작은 테이크아웃 커피전문점에서도 느껴졌다. 시대가 바뀌면서 사람들과 부대끼는 방법도 변했다. 소셜미디어라는 시대 흐름에 맞추어 사람들과 스마트하게 통하는 세상이 되었다. 사람들은 함께 즐기는 문화와 혼자 즐기는 문화를 구분했고 다 큰 어른들도 '재미나게, 즐겁게' 사는 법을 고민하기 시작했다.

싱글문화생활코칭, 하나만 기억하면 된다. '나를 위한, 나에 의한, 나의' 라이프 스타일을 찾는 중이라면 삶의 멋을 즐기는 방법을 고민 중이라면 싱글문화 생활은 이미 시작된 것이다.

내 멋에 살자

어느 40대 돌싱의 말이 기억에 남는다.

자신의 인생은 결혼 전과 결혼 후, 그리고 다시 돌아온 싱글의 삶으로 섹션을 나눌 수 있다던 그는 사는 것이 이렇게 재미있다는 사실을 돌싱이 되고

야 알았다는 것이다.

사회적으로 안정된 기반을 다져놓은 나이기도 하지만 꼭 돈만으로 인생이 재미있어지는 것은 아니라던 인생 선배의 조언. 꼭 곁에 나만을 위한 사람이 있어야 행복한 것은 아니라는 그의 이야기.

나를 위해 어떻게 살지 고민해 보라는 그 충고가 몇 해가 흐른 지금도 귓가에 남는다.

어떻게 즐길 것인가.
결국,
내 멋에 사는 것 아닐까.

나를 위해 살자

요즘 직장인들 중에는 바쁜 시간 틈틈이 취미를 즐기고 능력을 쌓는 사람들이 많다. 아침에 30분 일찍 출근해 영어 회화를 공부하는 사람, 점심은 대충 삼각 김밥으로 해결하고 근처 음악 학원에서 피아노를 배우는 사람, 회사에서는 심부름을 도맡는 막내일 뿐이지만 인터넷 공간에서는 몇 만 명의 회원이 가입한 카페 주인장도 있다.

이들의 공통점은 자신의 또 다른 영역을 만들거나 능력을 기른다는 것이다. 결국 그냥 하고 싶은 대로 원하는 대로 나만의 시간을 보내면 되는 것이다. 곰곰이 생각해 보자. '살면서 한 번쯤 해보고 싶었던 일, 언젠가는 이루고 싶은 꿈, 가장 멋진 하루의 일과'를 떠올리고 하나씩 제 힘으로 이뤄나가는 것이다.

시간에 조급해 하지 않고 결과에 연연하지 않는다면 스트레스 받을 일도 없다. 문화와 여가 생활이란 그렇게 만들어 나가는 것이다. 세상에는 참 즐길 거리가 많다는 것, 세상이 나를 기다리고 있다는 사실만 기억하면 된다.

내 멋에 산다

 ×  =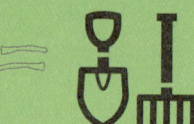

누구는 삶의 의미를 '사랑'에서 찾고, 누구는 삶의 의미를 '돈'에 찾고, 또 어떤 누구는
삶의 의미를 '가족'에서 찾는다. 아직 삶의 의미와 숨바꼭질하고 있는 싱글이 있다면
바로, 멋 '내 멋', 나의 멋을 찾는 일이 가치있지 않을까. 내 멋에 살기 위한 공존의 방
법, 문화와 여가의 테크닉을 알아보자.

함께 살자!

혼자 살면서 누구나 한 번쯤 앞으로 '어떻게 살아야 할까'를 고민해 본다고 한다. 한 번씩 엄습하는 외로움을 느낄 때, 퇴근 후 텅 빈 집의 스산한 기운이 싫을 때마다 이런 마음이 든다고 한다.

'나도 동물을 키워볼까?'

'내가 동물과 함께 산다면?'

이런 생각으로 인터넷에서 관련 정보를 찾고 키울 만한 동물을 찾으면서 새로운 가족을 맞는 사람들이 많다는 것이다.

함께 사는 즐거움. 나의 곁에 둘 수 있는 친구이자 가족을 굳이 동물을 기르는 것에만 국한하지 말자. 작은 꽃 화분도 얼마든지 힐링 메이트가 될 수 있다.

작고 앙증맞은 동물에게 반해 덜컥 분양을 받으면 추후에 불상사가 생길 수 있다.

인터넷에서 여성 의류를 팔며 집을 사무실과 겸해 사용하던 H.
작고 앙증맞은 토끼에게 반해 순식간에 입양을 결정했던 그녀는 작은
집에서 옷과 토끼와 함께 부대끼다가 스트레스 지수가 가파르게 상승하
는 것을 느꼈다.
엎친 데 덮친 격으로 자주 아프기 시작한 토끼의 병원비도 부담이 되었
다. 더욱이 어느 순간부터는 귀여운 토끼의 주먹만 한 몸짓이 팔뚝 길이
의 육중한 몸매를 자랑하기 시작했다. 결국 과도하게 빠른 토끼의 성장
에 부담을 느낀 H는 어느 날 밤 토끼와 함께 남산에 올랐다가 혼자 내
려왔다며 양심 고백을 해왔다.
이후로 절대 동물을 기르지 않겠다고 다짐한 H가 선택한 벗은 허브.
꽤 오랜 기간 허브를 기르며 작지만 소소한 행복을 느끼던 H에게 함께
살기에 적합한 짝꿍은 동물보다 식물이었다.

함께 살자! 그러나,
생명에 대한 책임감과 열정이 없다면 혼자 사는 즐거움으로 만족하자.

동물 기르기

나에게 맞는 동물

1인 가구 급증과 비례하며 성장하는 산업이 있다. 바로 반려 동물 산업. 강아지, 고양이뿐 아니라 각종 희귀 동물까지 싱글들의 곁을 차지하며 반려 동물을 위한 각종 산업이 늘어나고 있는데, 나의 가족이 되어줄 반려 동물 고르기와 관리의 모든 것을 알아보자.

반려 동물 분양 전

동물을 키울 수 있는 환경이나 여건을 갖추고 있는지 점검하는 과정이 필요하다.

반려 동물을 키우기 전 고려사항

· 어디서 키울까?
· 집에서 키울 수 있을까?
· 집에서 어떻게 키울까?
· 무엇을 먹일까?
· 내가 없을 때는 어떻게 하지?
· 배변 훈련을 어떻게 시킬까?
· 아플 때는 어떻게 할까?
· 기르면서 필요한 비용은 어떻게 할까?
· 중간에 못 기르는 사정이 생기지는 않을까?

·만약 못 기르는 상황이 발생하면 어떻게 할까?

·나 이외에 돌봐줄 사람이 있을까?

·냄새가 나지는 않을까?

·알레르기를 유발하지는 않을까?

·집주인이나 이웃의 동의를 얻어야 하나?

이런 상황을 심각하게 고민해 보자. 생명을 기르는 일은 기분 따라 결정
할 수 있는 가벼운 사안이 아니다.

나와 궁합이 맞는 동물을 찾아라

반려 동물을 기르는 일은 가족을 맞이하는 것과 같다. 무한 애정을 갖
고 돌봐줄 수 있어야 하기에 나와 궁합이 맞는 동물을 찾는 과정이 필

요하다. 동물의 품종에 따라 기르는 방법이 다를 수 있으니 인터넷이나 서적으로 사전에 정보를 수집하고 어떤 동물을 기르면 좋을지 결정하자. 집에서 기르는 동물로는 주로 강아지와 고양이 그리고 물고기와 파충류 등 다양하다.

반려 : 짝이 되는 동무

짝이 되는 동무라는 뜻의 반려, 반려 동물은 이제 사람의 곁에서 가장 가까운 벗이자 가족이 되고 있다. 특히 혼자 사는 이들에게 동물은 적적한 시간을 함께 보내는 동무이자 힘든 시간을 위로해 주는 존재다.

하지만 집 안에서 일하러 나간 주인을 외롭게 기다리는 것은 동물들의 몫이다. 더욱이 견주들이 바쁜 일과에 쫓겨 제때 관리를 못해 주면 피부병이나 영양 실조가 생길 수 있다.

전문가에게 듣는 반려 동물 기르기 노하우

반려 동물에 대한 관심이 높아지는 만큼 관련 산업도 진화하고 있다. 동물 유치원과 호텔 등이 인기를 모으며 싱글의 동물 기르기를 돕고 있다. 동물 유치원 원장이자 수의사인 솔로 꽃중년 이호성 원장을 필두로 수익대 동기 삼인방 수의사가 함께하는 〈리센츠 스타 동물병원〉에서 '혼자서' 반려 동물 기르기 최신 노하우를 알아보자.

리센츠스타 동물병원 이호성 원장
에게 듣는다!

반려 동물 돌봄에서
치료까지

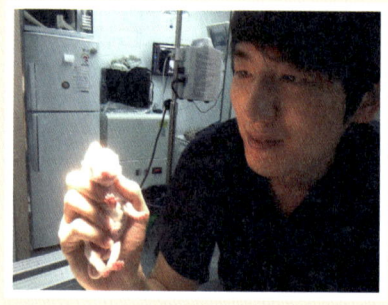

리센츠 스타 동물병원, 이호성 원장

서울 지하철 2호선 신천역 8번
출구. 출근 시간이면 항상 붐비
는 이곳에 이색 직장인들의 모습
이 눈에 띈다. 한 손에는 서류 가
방을 한 손에는 고양이나 강아지
를 안고 지하철역으로 향하는 사
람들. 이들의 행선지는 리센츠 스
타 동물병원. 출근 후 혼자 남는 반려 동물을 동물 유치원에 맡기는 것
이다. 이들이 '아기'라 부르는 동물들은 이곳에서 먹고, 산책하고, 친구
들과 놀면서 주인이 돌아오기를 기다린다.

리센츠 스타 동물병원 이호성 원장은 "과거에는 이런 문화가 없었지만
지금은 동물을 키우는 골드미스, 골드미스터를 중심으로 점차 흔한 문
화로 자리 잡아가고 있다"고 말한다.

어느덧 동물도 사람과 더불어 사는 세상이 되었다. 이곳에서는 동물들
이 서로 만나서 사회성을 형성하고 배변 훈련을 진행하며, 하루 2회 산

책을 하고 원반이나 장난감을 통한 놀이 훈련으로 동물들 나름 바쁜 일과를 보낸다.

이호성 원장의 싱글 추천 동물

"경험상 사람과 교감할 수 있는 강아지와 고양이를 추천합니다. 고양이는 우리가 알고 있는 것과 달리 애교와 친근감이 많은 동물입니다. 또 혼자만의 시간을 즐길 줄 아는 동물이기 때문에 출근을 일상으로 하는 현대인에게 안성맞춤입니다.

참고로 저는 터키쉬앙고라 장묘종을 키우고 있습니다. 터키쉬앙고라는 도도한 외모와 다르게 퇴근 시 배웅해 주는 방문묘이며 잘 때는 제 옆에서 외롭지 않게 해 줍니다. 주변에는 강아지를 키우는 싱글 남녀가 많은데 그들이 말하는 가장 큰 장점은 언제나 나를 따르는 충성심입니다. 최근 혼자 살며 강아지를 키우는 사람들이 늘면서 출퇴근할 때 강아지를 저희 병원 동물 유치원이나 호텔에 맡기는 싱글 남녀가 많습니다. 주인이 없어도 강아지들이 심심하지 않고 쓸쓸하지 않도록 상당 부분 동물 유치원을 통해서 해소해 주고 있습니다."

싱글을 위한 동물 관리 정보

1. 매일 신선한 물을 공급해 주기 위해 자동 급수기를 설치한다.

2. 3일 이내 외출 시, 자동 급식기와 두 개 이상의 화장실을 준비하는 것이 좋다.

3. 외로움을 달래주기 위해 2마리 이상의 동물을 키운다.(장단점이 있으므로 사전에 충분히 고민하고 판단할 것)

4. 정기적인 병원 방문으로 동물이 병원을 친숙하게 느끼도록 한다.

5. 필수 예방 접종을 진행한다.

만약 유기 동물을 입양할 계획이라면

반려 동물에 대한 복지 인식이 높아지면서 유기 동물 입양에 대한 관심도 늘고 있다. 유기 동물에게는 버려졌다는 아픔이 있는 만큼 입양 전 충분한 고민이 필요하다. 일단 모든 가족과 유기 동물 입양에 대한 합의를 이끌어내야 하고 앞으로 10~15년 이상 함께할 가족을 맞이한다는 생각으로 끝까지 책임지고 보살피겠다는 각오가 필요하다. 강아지 한 마리를 기르는데 월평균 11만 원 이상의 비용이 든다는 통계도 있는 만큼 경제적 부담을 감수할 수 있는지 여부도 중요한 사항이다.

유기 동물 입양은 입양 보호 시설에 미리 전화로 문의 후 방문하여 입양 계획서를 작성하는 절차가 필요하다.

유기동물보호소에 대한 정보는 '동물보호 관리시스템(http://www.animal.go.kr/)' 에서 찾아 볼 수 있다.

이색 동물이 뜨고 있다

1인 가구를 중심으로 이색 희귀 동물을 키우는 사람들이 늘고 있다. 더 이상 마니아들만의 전유물이 아닌 이색 희귀 동물. 더욱이 개성 있는 반려 동물을 원하는 젊은 세대의 욕구로 수요는 나날이 상승 곡선을 향하고 있다. 레오파드 개코, 설가타 베이비, 페릿 등 이름조차 생소하지만 싱글들의 마음을 사로잡는 '핫(hot) 애니멀'이다.

레오파드 개코
일반 도마뱀처럼 크지 않고 색이 예쁘고 귀여운 외모를 자랑한다. 여성들이 많이 분양하는 동물 중 하나로 저렴한 종은 3만 원대부터 비싼 종은 100만 원까지 다양하다.

설가타 베이비
육지 거북의 종류로 작은 크기에 귀여운 외모를 자랑한다. 가격대가 높은 편이지만 조용하게 기르기에 딱 좋은 동물이다.

페릿
족제비과 동물로 단독적인 생활을 즐기며 높은 지능을 지녔다. 성격이 온순하고 호기심이 많다. 물놀이를 좋아하고 작은 물체는 아무거나 먹는 거라고 여겨 집어먹기 때문에 주의를 요한다.

이색 동물은 기르기 전 관리 방법을 정확히 알고 있어야 한다. 만약 이색 희귀 동물에게 병이 생기면 치료 가능한 곳을 찾기 어려울 수 있어서 사전에 충분히 고민하고 분양을 결정한다.

식물 기르기

동물 기르기에 자신 없다면 식물 기르기에 도전하자. 처음에는 화분 하나를 정성껏 길러본다. 일주일에 한 번만 물을 줘도 되는 행운목도 좋다. 초록 생명의 싱그러움이 유지되는 모습, 잎사귀에 윤기가 흐르는 모습을 보면 어느새 화분의 개수가 늘어나 있을 것이다. 단, 식물을 기르기 전에도 고려할 사항이 있다.

식물 기르기 전 고려 사항
· 집에 햇빛이 잘 비치는 곳이 있을까?
· 물을 제때 줄 수 있을까?
· 오랫동안 집을 비울 때 어떻게 키울까?

· 몇 개의 화분을 놓을까?

· 식물이 자라면 분갈이를 잘 시켜 줄 수 있을까?

혼자서도 잘 커요

관리가 어렵지 않으면서 씩씩하게 잘 자라는 화분을 먼저 길러본다. 식물의 키가 자라는 모습, 잎사귀 수가 늘어나고, 꽃이 피고 지는 과정을 겪다 보면 점점 식물 기르기의 매력에 빠져들 것이다.

행운목

이름처럼 행운을 가져다 줄 것 같은 행운목은 집들이 선물로 인기가 높다. 음지에서도 잘 자라고 물을 담은 접시에 토막 낸 줄기를 넣어서 기르기도 한다. 5~10년 주기로 꽃이 한 번씩 피는데, 행운목에 꽃이 피면 그 해에 행운이 깃든다는 이야기가 있다.

산호수

산호수는 주방에서 발생하는 일산화탄소의 흡수 능력이 뛰어나고 음이온 발생 공기 정화 식물로 알려졌다. 관리가 어렵지 않아 초보

자라도 누구나 기르기에 적합한 식물이다. 건조한 환경에 강한 성질이 있지만 추위에는 약하다. 여름에는 3~4일에 한 번 정도, 겨울에는 5~6일에 한 번 정도 물을 준다.

수경 식물

수경 식물은 천연 가습기 역할을 하고 따로 흙 관리를 하지 않아도 되는 것이 장점이다. 건조한 날 공기 중에 수분을 공급하는 기능을 해 장마철에는 실내 환경을 좀 더 상쾌하게 만든다. 인테리어 효과도 매우 좋으며 작은 공간에서도 담을 수 있는 용기와 물만 있으면 기를 수 있다.

산세베리아

천년란이라고도 불리며 물을 자주 주지 않아도 쑥쑥 자라는 식물이다. 두꺼운 잎에 수분을 충분히 담고 있어 3~4주 이상 물 없이도 살 수 있다.
또 이산화탄소를 흡수하여 밤에 산소와 음이온을 발생시키는 능력이 있으며 공기 정화 기능이 뛰어난 식물이다.

집안에서 기르기 힘든 식물

집안에서 기를 때 각별히 조심해야 할 식물도 있다.

유도화라 불리는 협죽도는 꽃말이 '조심'일 정도로 위험한 식물이다. 벌레도 꼬이지 않을 만큼 잎, 줄기, 뿌리, 꽃까지 독을 내포하고 있는 나무로, 독성이 청산가리의 6천 배나 되는 위험한 식물이다.

아이비는 집안에서 많이 키우는 담쟁이 식물로, 습도 조절과 냄새 제거에 탁월한 효과가 있지만 피부 알레르기 증상을 유발하는 독성이 있으므로 주의해야 한다.

잠깐, tip

이색 식물, 집에서 기른다!

주위에서 흔히 볼 수 없는 식물을 집에서 기르는 사람들이 있다. 이들이 기르는 식물의 종류로는 어린왕자 책에 등장하는 바오밥나무부터 보라색 토마토가 열리는 유실수, 파리를 잡아먹는 다육식물 등 다양하다. 주로 씨앗으로 구매해 기르거나 어린 종자를 구입하는 경우가 많다. 이색 식물 기르기를 취미로 둔 사람들은 식물의 싹이 나고, 1cm 자라고, 열매가 열리는 모든 과정에서 재미를 찾는다고 말한다. 인터넷에 희귀 또는 이색 식물 등의 검색어를 입력하면 관련 사이트를 쉽게 찾아 볼 수 있다.

텃밭을 가꾸자

햇빛 잘 드는
놀고 있는 공간에
활력을 주자.

조그마한 텃밭으로
우리 집 농사꾼이 되어 보자.
상추, 콩, 오이 등
텃밭 작물을 기르는 기쁨을 누려보자.

씨앗이 싹을 틔우고 꽃을 피워 열매를 맺는 과정을 보며 일상의 고단함
에서 잠시나마 벗어날 수 있다. 무엇보다 친환경 유기농 먹을거리가 우
리 집에서 자라는 것이다.

함께 즐기자!

세상은 모두가 더불어 함께 살아가는 곳이다.

1인 가구, 제아무리 혼자 살기의 달인이 되었다 하더라도 함께 사는 즐거움, 그 기쁨을 놓쳐서는 안 된다.

어린 시절, 매일 다투고 갈등하는 부모님의 결혼 생활을 지켜보며 일찍이 싱글을 결심했다는 40대 어느 골드미스의 이야기다.

그녀가 주위로부터 진정한 골드미스로 평가받는 이유가 있다.

그녀는 젊은 시절 남자 못지않은 열정으로 치열하게 일과 함께 보내며 경력을 쌓은 결과 직장에서는 높은 직위와 연봉을 보장받고 있다.

부지런히 자신을 가꾸고 다듬은 까닭에 30대라 해도 믿을 수 있는 몸매와 얼굴, 그리고 자신감을 더하여 누구든지 곁에 있는 사람에게 스스럼없이 다가가는 편안함과 20대 초중반 젊은이들과도 소통할 수 있는 능력을 가졌다.

물론 가끔 까다로운 성격을 보일 때면 '노처녀 히스테리'에 대한 뒷담화가 오가기는 했지만, 그럴 때마다 그녀는 대한민국 싱글 여성이 감수해야 할 몫이라며 스스로 위로한다.

그녀는 어린 시절 자신이 꿈꾸던 멋진 여성의 삶을 현재에 살고 있기에 행복하다고 말한다.

제일 많이 듣는 "외롭지 않냐?"는 질문에, "세대를 막론하고 다양한 사람들과 어울릴 수 있는 삶의 무대가 있기에 외롭지 않다"고 밝혔다.

혼자이면서도 혼자가 아닌 삶을 추구하며 현재를 행복하게 열어가는 싱글들의 삶. 바로 1인 가구의 살아가는 이유가 된다.

함께 즐기자!

웃음과 행복은 주고받으면 배가 되는 법이다.

파티하기

상상만 해도 즐거워지는 '파티'에 대해 생각해 보면, 다음과 같은 단어가 떠오른다.

P : pleasant '즐거운'

A : ardor '열정'

R : revitalization '활력'

T : twinkle '반짝반짝 빛나는'

Y : young '젊은'

공간과 시간 그리고 음식만 준비하면 된다. 나와 벗, 나와 이웃을 위한 파티를 계획해 보자. 거창한 격식은 필요없다. '즐길 수 있는' 마음이 가장 중요하기 때문이다.

어떤 파티들이 있나
종류별 파티
칵테일 파티

간단한 음식과 술을 곁들여 형식이나 격식을 따지지 않는다. 좌석을 따로 마련하지 않고 자유로이 서서 여러 사람과 이야기를 나눌 수 있다.

티 파티

간단한 다과와 차를 마시는 모임으로 사교를 위한 소규모 파티이다.

포트럭 파티

미국, 유럽 등에서 보편화된 파티 형태로 초대받은 사람들이 각자 한두 종류의 요리를 준비해 정해진 장소에 모여 즐기는 형태의 파티이다. 코퍼레이팅 파티(Cooperating Party)라고도 부른다. 사전에 참가자들이 음식의 종류에 대해 조율해야 한다. 우리나라에서도 점차 확산되고 있는 파티 문화 중 하나다.

디너 파티

집에서 친분이 있는 사람들이 모여 만찬을 즐기는 모임으로, 공식적인 경우에는 에티켓과 복장의 제한이 있다. 서양식 코스 요리를 주 요리로 하지만 요즘에는 간단한 식사로 대체하는 경우도 있다.

시기별 파티

집들이 파티

말 그대로 집들이 기념으로 집 주인이 개최하는 파티이다. 집을 공개하는 날이므로 장소는 집이 되며 음식은 주로 식사를 준비한다. 회사 동료, 친구 등에게 새로운 집에 정착한 삶을 축하받을 수 있다. 집의 규모에 따라 손님의 수를 미리 결정하고 초대한다.

할로윈 파티

고대 켈트인의 축제에서 유래된 할로윈 파티는 성인의 날 대축일 (11월 1일) 전날 밤(10월 31일)에 열린다. 이날 밤에는 죽은 사람들의 영혼이 돌아온다고 믿으며 악마의 도움으로 결혼, 행운 등의 점을 치기에 좋은 때라고 생각한다.

할로윈의 상징으로 자리잡은 잭 오 랜턴 (Jack O'Lantern)은 속을 도려낸 호박에 악마의 얼굴 모습을 새기고 그 안에 초를 고정시킨 것이다. 할로윈 파티 당일에는 특별한 의상과 메이크업을 준비해 보자. 마녀, 요정 등의 의상은 할로윈이나 파티용품 관련 인터넷 쇼핑몰에서 판매한다.

집이나 호텔 등에서 지인과 함께 할로윈을 즐길 수도 있지만 최근에는 할로윈과 관련된 여러 파티 행사가 준비되어 있으므로 사전에 정보를 확인해 보는 것이 좋다.

크리스마스 파티

가장 보편화된 파티 중 하나다. 크리스마스를 앞두고 개최하는 파티로 연말, 송년회를 겸한 행사이기도 하다. 지난 한 해 함께해 준 지인들에게 고마움을 전하고 한 해를 의미 깊게 마무리한다. 리스, 트리 등과 함께 간단한 크리스마스 소품만 있다면 집에서도 충분히 파티 분위기를 낼 수 있다.

생일 파티

파티의 주최자가 생일 당사자가 된다. 생일 축하를 받고 그동안 곁에서 함께한 지인들과 즐거운 시간을 보낸다. 생일 파티에 초대받았을 때에는 간단한 선물이라도 준비하고 초대하는 사람은 메뉴와 분위기에 신경을 쓴다.

신개념 파티 문화를 소개한다

파티가 상업 도구로 활용되면서 다양한 파티 문화가 등장하고 있다. 그 중 우리나라에서 최초로 상업과 예술, 그리고 대중의 조화로 새로운 어울림의 장을 열어가는 파이브포인츠 아트 스페이스 최도진 대표와 함께 새로운 파티 문화에 대해 알아보자.

예술, 상업, 그리고 사람들의 어울림 현장

파이브포인츠 아트 스페이스(5pointz art space)는 기존에 높게만 느껴졌던 갤러리 이미지를 벗고 실험적인 작업을 추진하는 예술 집단 서식지이다. 회화, 조각, 설치, 사진, 인테리어, 가구, 음악 등 모든 작가들에게 전시할 수 있는 기회를 제공하며 대중적으로 손쉽게 다가갈 수 있는 예술을 지향하는 곳이다. 디자이너, 큐레이터, 포토그래퍼들이 상주하며 아티스트들과의 협업을 통해서 인터렉티브한 프로그램과 창의적인 비주얼을 제공하는 곳이다.

예술과 상업,
사람이 함께 만드는 문화 공간

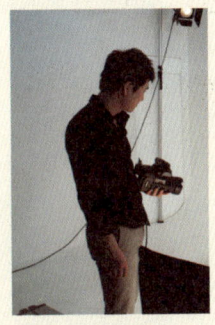

파이브포인츠 아트 스페이스 최도진 대표

파이브포인츠 아트 스페이스 최도진 대표. 포토그래퍼이자 프로젝트 디렉터(콘텐츠를 매개로 다양한 전시를 구성하는 기획가)로 활동 중인 그도 30대 혼자 사는 남자다.

예술과 상업 그리고 사람과 함께 문화공간을 창출하는 이곳에서는 프로젝트 디렉터, 아트 디렉터, 푸드아티스트 등이 모여 주제를 해석하고 그에 맞는 구성으로 전시를 구현한다.

일례로 젠틀 몬스터의 협찬으로 이루어진 선글라스 전시는 아티스트 김민경의 '위장된 자아'라는 작품과 함께 푸드 컨설턴트 제리미의 콜라보레이션으로 소개되었다.

선글라스로 위장한 관객들은 컬러 젤 조명이 투과된 삭품의 매시지를 강렬하게 전달받으며 푸드 컨설턴트가 준비한 음식과 음료를 체험했다. 이들의 체험형 전시는 펑키하우스 음악에 맞춰 함께 춤추며 전시와 파티의 융합을 선보이는 새로운 문화 코드로 유명세를 타며 싱글들에게

SUNGLASSES
PARTY
SUNGLASSES
PARTY

주목받고 있다.

파티와 전시가 융합된 콘텐츠

파티에 참여하는 사람들은 대개 싱글이 많다. 참가자의 신상에 어떠한 제한도 없지만 주로 싱글들이 파티에 참여하며 즐기고 있다. 파티가 친목 도모를 넘어 인맥 형성의 장소가 되기 때문이다. 마케팅 업체나 예술 작가에게 대중의 시선은 매우 중요하다. 대중과 함께 호흡하기 위해 파티라는 도구를 활용했고 대중은 상업과 예술의 경계에서 함께 즐기며 새로운 유대 관계를 맺고 있다.

다양한 주제로 이루어지는 파티

미술관 전시 중에서도 바비큐와 맥주를 주며 자유롭게 관람하는 새로운 형태의 관람 문화가 등장하기도 했다. 고고하게 작품을 감상하던 시기에서 즐겁게 감상하는 시대가 도래한 것이다.

사교 중심의 행사에서 문화와 예술을 즐기는 새로운 파티 문화

파티에 참가하는 분들은 대부분이 여성이다. 주로 20대에서 30대 중반의 여성이 80% 이상을 차지한다. 새로운 콘텐츠를 찾는 여성이 늘고 있다. 때문에 볼거리만을 제공하는 것이 아니라 함께 춤추고, 먹고, 즐기는 공간이 필요해지고 있다. 파티에 방문하면 주최자는 방문한 사람들을 인사시켜 주고 분위기를 활성화시키는 작업을 주도한다.

시대가 변했다

멋는 것, 입는 것, 볼 것을 추구하는 사람들이 늘었다.
사람들은 고급스럽게, 편안하게 문화를 향유하고 즐기기를 원한다.
의식주와 문화의 콜라보레이션.
이제 스토리텔링이 더해진 파티 현장을 찾아보자.
SNS의 몇 줄 메시지가 초대장이 되고 아날로그적 감성이 디지털과 예술, 음식으로 표현된다.

커뮤니티 참여하기

인맥이 자산이 되는 시대다. 인터넷이 활성화되면서 각종 커뮤니티도 활발하게 운영되고 있다. 취미, 자기 계발, 오락 등 다양한 주제로 모임이 결성되고 사람들 간의 관계가 유지되고 있다.

몇해 전, 사케소믈리에를 취재한 적이 있다.
와인에 대한 대중적인 관심이 높아지며 '와인소믈리에'에 대한 정보가 늘어났지만 '사케소믈리에'는 생소한 분야였다. '기키자케시'라고 불리기도 하는 사케소믈리에는 사케를 추천하고 소개하는 역할을 하고 있었다.
사케가 좋아 일본으로 건너가 이자카야에서 일하기도 했다던 기카자케시는 '사케소믈리에'가 되기까지 인터넷 커뮤니티 모임이 결정적 역할을 했다고 말했다.
"괜찮은 이자카야에 함께 가보고, 사케를 평가하고, 서로의 진로를 고민해주면서 성장할 수 있었다"고 한다.
막연히 술을 좋아하고 술 먹는 모임이 아니라, 사케를 연구하며 꿈을 키우고 인생 목표를 정해 나갔다는 것. 무엇보다 사케 고수들과의 모임을 통해 '아직 갈 길이 멀었다'는 것을 수시로 깨닫는다고 했다.

다른 사람의 말, 기운, 모습은 나를 변화시킬 수 있는 결정적 촉매제가 된다. 커뮤니티를 통해, 사람을 통해 세상의 더 많은 것을 배울 수 있는 기회를 만들어내야 한다.

혼자서 즐기자!

쉬는 날, 리모컨을 벗 삼아 텔레비전 시청을 주요 일과로 삼는 하루는 이제 그만. 혼자서 즐길 수 있는 거리를 찾아 나서자. 쉬엄쉬엄 배우고 부담 없이 즐길 수 있는 취미 생활을 찾아보는 것이다.

무한생존 경쟁 시대에 취미 생활의 매력이란 '아니면 그만이지'라는 마음 으로 임할 수 있다는 것 아닐까.

나만의 취미 찾기

취미 생활은 자투리 시간을 즐기며 싱글 생활에 활력을 줄 수 있다. 요 즘에는 문화 산업이 발달하면서 다양한 스포츠와 콘텐츠가 생겨나 즐 길 수 있는데, 혼자 또는 함께 즐기는 취미 생활의 세계를 종류별로 안 내한다.

스포츠로 즐긴다

취미 생활의 대표주자라 할 수 있는 분야는 스포츠이다. 스포츠는 건강과 친목 다지기라는 일석이조의 효과가 있다. 스포츠로 즐기는 취미 생활, 성향에 따라 선택해 보자.

차분하고 조용한 성격이라면

국궁

국궁은 우리나라 전통 활쏘기이다. 대한민국 최강 스포츠 '양궁'에 가려 있지만, 우리나라에서 국궁을 즐기는 인구는 3~4만 정도이며 국궁장은 360곳에 이른다. 각 지역에 국궁장이 있으므로 국궁문화협회 홈페이지에서 참고한다.

클레이 사격

산탄총을 이용해 움직이는 사물을 맞추는 사격이다. '탕', '탕', '탕' 울리는 소리에 스트레스까지 날려 버릴 정도다. 전문 사격장에서 접할 수 있으며 요즘은 동호회도 활

성화되어 클레이 사격에 대한 다양한 정보를 얻을 수 있다.

암벽 등반

차분하고 조용한 성격인 사람일수록 내면에 강한 열정을 가진 사람들,

그리고 도전을 즐기는 사람들이 많다. 암벽 등반은 다이어트에도 효과적인 스포츠인데, 강한 집중력과 인내심을 요구하는 종목이다. 인터넷에 암벽 등반을 검색해 보면 쉽게 실내 암벽장을 찾아볼 수 있다.

발레

길고 가느다란 팔과 다리, 탄탄한 근육으로 다져진 늘씬한 몸매의 발레리나, 발레리노. 우아한 자태와 몸짓을 보여주는 발레는 유연성과 체력을 필요로 하는 예술 활동인데, 요즘 성인들 사이에서는 다이어트와 자세 교정을 위한 여가 스포츠 활동으로 인기몰이 중이다. 발레를 배우기 위해서는 인근 발레 교습소 또는 문화센터의 성인 대상 강좌를 찾아보면 된다.

활발하고 적극적인 성격이라면

격투기와 권투

다이어트에 효과적인 격투기와 권투는 스트레스 분출에도 제격이다. 특히 적극적이고 활발한 성격이라면 격투기와 권투와 같은 능동적이고 도전적인 종목이 적성에 맞을 수 있다. 요즘에는 일반인을 대상으로 쉽게 가르쳐주는 격투기와 권투 코스가 있으니 참고하자.

승마

투자 비용은 많이 들지만 만족도가 높은 종목 중 하나가 승마다. 말과 함께 교감하며 삶의 여유를 느낄 수 있다. 승마장을 찾고 레슨을 받기까지 적극적으로 알아보는 것이 중요하다.

인근 주민센터 등에서도 쉽게 배울
수 있다. 동호회와 각종 모임이 활성
화된 종목 중 하나로 운동을 하면
서 사람들과의 교류를 원한다면 탁
구를 추천한다.

예술로 즐긴다

자신에게 있는 예술적 감성을 끌어내 보자. 글, 그림, 사진, 공예를 통해
스스로가 치유됨을 느낄 수 있을 것이다.

그림

문화센터나 화실을 통해 가볍게 시작할 수 있다. 수채화, 유화, 동양화
등 종류가 다양하며 실력이 향상된다면 가까운 사람들과 함께 전시회를
기획해 볼 수 있다. 단, 재료비가 꾸준히 발생한다는 점을 기억하자.

글

1인 출판이 활성화되면서 문예 창작에 대한 관심도 높아졌다. 시, 소설
등의 장르에서 문학적 감성과 스토리텔링 능력을 표출하고 있는 것이다.
각 지자체의 도서관에 다양한 글쓰기 강좌가 마련되어 있으니 참고하자.

사진

전문가용 DSLR부터 핸드폰 사진기까지 언제 어디서나 사진 찍기 쉬운 세상이다. 찍고, 올리고, 공유하는 요즘의 사진 메카니즘은 SNS의 확산으로 소통의 도구, 자기 PR의 매체가 되고 있다.

사진은 혼자 즐기기에 꽤 괜찮은 취미로 초기 비용 이후 유지 비용이나 관리 비용이 많이 들지 않는다는 장점이 있다. 물론, 이른바 '장비병'에 걸리지 않는다면 말이다.

공예

클레이아트, 폼아트, 한지공예, 설탕공예, 비즈공예, 가죽공예 등 이름조차 생소한 공예 강좌가 많다. 원하는 분야에 따라 문화센터나 서적, 인터넷을 통해 배울 수 있다.

악기

음악을 좋아한다면 악기 연주 기술을 하나쯤 갖는 것도 좋다. 좋아하는 곡을 연주할 수 있다는 기쁨은 생각보다 크다. 기타, 우쿠렐라, 피아노, 바이올린, 드럼 등 학원이나 교습소를 통해 배워볼 수 있다.

연극

연극은 사람들과 함께 완성하는 예술 작업이며 내면의 자아를 발산하는 활동이다. 다양한 사람들이 만나 극본을 해석하고 연기해 보는 과정이 이루어진다. 시민연극교실, 동호회나 동아리 등에서 시작할 수 있다.

나를 개발한다

자격증과 기술

업무에 필요한 자격증을 취득하거나 새로운 기술을 가져보는 것이다. 최근에는 노후 준비로 '기술'을 선택하는 사람들도 늘고 있다. 정년의 압박이 없고 한 번 익히면 평생 쓸 수 있다는 것이 장점이다. 추후 직업 전환의 기회가 된다.

사이버 대학교

직장 생활과 학업을 병행해야 하는 사람들에게 사이버 대학교는 '출석'의 압박이 없기에 인기가 높다. 원하는 전공 분야에 대한 전문적인 학식을 갖출 수 있고 과정에 따라 수료증이나 자격증을 취득할 수 있다.

블로그

평소 관심 있는 분야에 대한 블로그를 시작해 본다. 사람들에게 관련 정보를 소개하고, 소개받을 수 있는 창구가 된다. 단, 꾸준한 포스팅이 이루어져야 한다는 점이다. 꾸준히 가꾸고 활성화시켜야 의욕을 갖고 지속적으로 유지할 수 있다.

건강하게 살기

싱글들은 '아프면 나만 손해'라는 말을 뼈저리게 이해하고 공감한다. 아프면 수저 드는 것도 힘이 드는데 어떻게든 먹어야 하니 스스로 밥을 차려야 하고 한 걸음 뗄 힘도 없지만 약을 사기 위해 주섬주섬 옷을 챙겨 입고 밖으로 나가야 하고 엉금엉금 기듯이 병원에 가야 한다. 무엇보다 정신적인 공허함과 외로움이 극대화된다. 1인 가구의 절대 수칙 중 하나인 '건강하게 살기'의 기본 원칙을 알아보자.

건강 검진 받기

병은 초기일수록 다스리기도 쉽고 고치기도 쉽다. 나도 모르는 내 '속'을 주기적으로 체크하며 건강 관리에 관심을 가져야 한다.

정기적인 건강 검진

정기적인 건강 검진으로 각종 심혈관계 질환 및 암 등을 예방하고 초기 치료할 수 있다. 특히 사망률이 높은 암의 경우 정기적인 건강 검진으로 발견하는 사례가 많은데 우리나라에서 발병률이 높고 조기 진단 및 치료가 가능한 5대 암은 위암, 대장암, 간암, 유방암, 자궁경부암이다. 국민건강보험공단에서는 가입자를 대상으로 만 40세 이상 위암과 유방암 검사를 실시하고 간암은 만 40세 이상 간암 발생 고위험군을 대상으로, 대장암은 만 50세 이상부터, 자궁경부암은 만 30세 이상의 여성을 대상으로 실시하고 있다.

자궁경부암 검사 비용은 국민건강보험공단이 전액 부담하며 이외의 검진 비용은 공단에서 90%, 수검자가 10%를 부담하고 있다. 각종 건강 검진은 국가에서 실시하는 암 검진 외에도 종합병원의 검진센터, 내시경 검사와 초음파 검사가 가능한 내과 등에서 검진을 받을 수 있다.

정기적인 구강 검진

건강한 치아는 예부터 오복에 비견되는 복으로 꼽혔다. 치아는 행복한 식생활과도 밀접한 관계가 있지만 각종 의료보험 혜택에서 멀어진 치아 치료와 시술은 경제적으로도 큰 비용이 들기에 정기적인 구강 검진은 매우 중요하다. 연 2회 정도 치과를 방문해 치아와 잇몸의 상태를 점검하고 6개월에서 1년 간격으로 스케일링을 받아 치석을 제거해야 한다. 치석은 치아와 잇몸의 경계에 달라붙어 각종 잇몸병의 원인이 되지만 초기 치주 질환은 스케일링만으로도 염증을 가라앉힐 수 있다. 건강보험 적용으로 만 20세 이상 성인이라면 연 1회 일반 치과에서 약 1만 3천원, 치과 병원에서는 약 1만 9천원에 스케일링을 받을 수 있다.

정기적인 부인과 검진

아직 우리나라에는 산부인과 방문에 대한 막연한 거부감을 느끼는 미혼 여성들이 많다. 하지만 정기적인 부인과 검진만으로 초기에 발견하고 간단하게 치료 가능한 질병들이 많기 때문에 출산과 결혼 유무에 관계없이 주기적으로 방문하는 것이 좋다. 부인과 질환 중 가장 빈번하게 나타나는 질염의 경우 방치하게 되면 만성적인 질염으로 발전되거나 기타 감염 질환을 일으킬 수 있고 심한 경우 불임의 원인이 되기도 한다. 더불어 유방암, 난소암, 자궁경부암은 정기 검진으로 초기에 발견하는 것이 중요하다.

잠깐, tip

건강관리 정보는?

국민건강보험공단에서 제공하는 건강IN 사이트 (http://hi.nhis.or.kr)에서 질병과 비만 개선 정보를 알 수 있고 건강 나이를 체크할 수 있으니 참고하자.

예방 접종하기

가을과 겨울의 문턱, 찬바람이 불기 시작하면 어김없이 독감 주의보가 발령된다. 갈수록 진화되고 지독해지는 독감에 맞서기 위해서는 예방 접종이 필수다. 최근에는 예방 접종에 대한 관심이 높아지며 백신이 부족해지는 사태도 벌어지고 있는데 사전에 병원에 전화해 접종 가능 여부를 알아본다.

이외에도 의학 기술이 좋아지면서 암을 예방하는 주사도 등장했는데 몇 가지 예방 접종만 시행해도 큰 병을 피해갈 수 있다.

인플루엔자

신종플루가 등장한 이래 인플루엔자 예방 접종을 받는 성인들이 늘고 있다. 매년 11월 이전 인근 병원에서 접종 할 수 있다. 인플루엔자 예방 접종은 인플루엔자 바이러스가 호흡기를 통해 감염되는 병을 예방하는 것으로 일반 감기를 예방하지는 못한다.

자궁경부암

자궁경부암은 암 가운데 정기 검진과 예방 접종으로 예방할 수 있는 유일한 암이다. 인유두종 바이러스(HPV)가 원인이 되며 여성암 사망률 2위를 차지하는 질환이다. 내과, 산부인과 등에서 접종 가능하다.

홍역·볼거리·풍진

항체 확인 후 음성일 경우 예방 접종을 해야 한다. 특히 풍진은 선천성 풍진 증후군을 일으킬 수 있으므로 추후 임신 계획이 있는 가임기 여성의 경우 풍진 항체 음성이라면 예방 접종을 시행해야 한다.

A형 간염

A형 간염은 수인성 전염병이자 염증성 간질환으로 초기에는 황달 등의 증상을 보인다. 요즘 20, 30대 중 A형 간염에 걸려 고생하는 경우가 간혹 있는데 이유인즉 A형 간염 항체를 보유한 20, 30대가 줄었기 때문이다. A형 간염은 한 번 감염되면 평생 면역이 생기기 때문에 감염된 적이 있거나 항체가 있다면 따로 예방 접종을 받지 않아도 되므로 항체 유무를 확인해 보도록 한다.

잠깐, tip

긴급의료상담은?

갑자기 내 몸에 이상 반응이 나타나거나 다쳤을 경우 당황하지 말고 긴급의료상담을 기억하자. 119를 통해 긴급의료상담을 받을 수 있고 '응급의료정보센터' 사이트와 응급의료정보 모바일 앱을 통해 응급 의료에 관한 각종 정보를 제공받을 수 있다.

상비약 준비하기

아픔은 시도 때도 없이 찾아온다. 늦은 밤이나 약국이 문을 닫는 주말을 대비해 각종 상비약을 준비해 둔다. 먹는 약으로는 진통제와 감기약, 소화제, 지사제 등을 준비한다. 그리고 소독약, 피부 연고제, 안약, 소독밴드와 일회용 반창고, 체온계, 핫 팩 등을 만약의 상황에 대비해 마련해 놓는다.

부유해지는 방법

인생을 살며 누구나 자신에게 이런 반문을 한다.

"나는 지금 잘 살고 있는 것인가?"

적어도 나를 가꿀 줄 아는 싱글이라면 주위를 둘러보라고 이야기해 주고 싶다. 내가 쉴 수 있는 나만의 공간에서, 나를 위해 준비한 나만의 것들에서 인생의 가치를 찾아 볼 수도 있다.

"가장 적은 것으로도 만족하는 사람이 가장 부유한 사람이다."

소크라테스의 말이다.

'쓸고, 닦고, 관리하며' 지금 내가 가진 것들을 가치 있게 가꾸고 다듬는 과정에서 사람들은 작은 것의 가치를 발견하곤 한다. 이것은 혼자 사는 살림을 좀 더 부유하게 만드는 방법이 될 수 있다.

또 다른 유명인의 이야기를 참고해 보자.

빌게이츠는 "좋게 만들 수 없다면 적어도 좋아 보이게 만들어라"라고 말했다.

타인에게 좋아 보이게 만든 1인 가구의 생활은 혼자 사는 남녀를 대하는 편견 담긴 시선, 귀찮은 간섭에 방어 수단이 될 수 있다.

홀로서기와 함께 어른이 된 싱글들

돌연 독립 선언으로 후배 '나'를 난감하게 했던 〈집 구하기〉 편의 선배는 혼자 사는 생활 속 시행착오 끝에 많은 것들을 얻었다고 했다. 무엇보다 '나'를 중심으로 생활을 재편성할 수 있었다는 것에 가장 많은 점수를 주었다.

하루 일과가 빠듯하게 흘러가지만 자신이 이루어낸 공간에서 나만의 이야기로 살고 있다는 것이다. 또한, 서른이 넘어 새롭게 만들어진 생활의 습관은 사고를 좀 더 깊게, 행동을 좀 더 민첩하게, 하루를 좀 더 성실하게 보낼 수 있게 해 주었다.

싱글을 선택한 사람들은 '싱글 선언'과 함께 어른이 되었다. 혼자 살겠다는 결심을 굳혔지만 매달 카드 값 막기에 급급했던 후배는 어떻게 되었을까.

그녀에게는 8개월이라는 짧다면 짧은, 길다면 긴 유예 기간이 생겼다. 일단 카드 해지를 시작으로 소비와 재테크 패턴에 변화를 주었다. 두 달에 걸쳐 카드 값 할부 상환을 마친 후 4개월 동안 지독하게 돈을 모았다. 여기에 부모님 도움을 조금 받고, 은행 대출을 조금 받아 보증금 밑천을 마련하는 데 성공했다. 이제 입주만 하면 될 것 같다며 꿈에 부푼 그녀는 두 달이 더 지난 후에야 홀로서기에 성공했다.

기본적인 가전, 가구, 생필품 장만에 필요한 돈과 시간이 필요했던 것이다. 이제 쇼핑으로 풀었던 스트레스는 가계부를 쓰며 풀고 있다는 후배는 홀로서기를 통해 성장했다.

세상에 공짜는 없다는 진리를 깨닫고 조금 더 야무진 어른이 되었다. 8개월 간 자신의 목표를 하나씩 이루고 실현해 나가는 모습과 스스로를 책임지는 일이 생각보다 쉽지 않은 일이었음을 알았다는 후배를 보며 새삼 배울 점을 찾게 되었다.

혼자 사는 기술, 싱글 생활의 기쁨을 찾는다

혼자 살든, 넷이 살든 해야 할 일은 같다. 빨래를 해야 하고 때 되면 공과금을 내야 하며 밥을 해 먹고 설거지를 해야 한다. 차이점은 혼자 살면 그 누구와도 분담할 수 없다는 것이다. 회사에서 오늘의 저녁 메뉴를 고민하고 친구들과의 모임에서 세탁기 안에 놓고 나온 빨랫감을 고민한다는 싱글들. 싱글 생활 속에는 책임과 자유라는 명제는 생활 속 경험으로 자연스레 깨우치게 된다.

혼자 살면

오늘 해야 할 집안일을 내일로 미룬다 해도 잔소리 하는 사람은 없지만 그렇게 미루고 미루어 산더미처럼 쌓인 집안일을 하다 보면 어느새 조금씩 부지런히 움직여야 편하다는 것을 배우게 된다.

지독한 감기에 걸려 사무치는 외로움과 적막함을 느끼며 시름시름 앓다 보면 아프면 나만 고생이라는 것을 뼈저리게 느끼게 된다. 나를 위해 건강하게 먹고 운동하는 일, 스스로를 관리하는 것만큼 멋진 일도 없다는 것을 배우게 된다.

나를 책임지는 사람이 좀 더 자유로워 질 수 있다는 것을 알게 되는 것이다. 처음부터 끝까지 내 손이 닿아야 하는 살림살이가 때로는 버거울 수 있지만 단계별로 제시된 혼자 사는 기술은 싱글의 삶의 질을 높이고, 싱글 생활의 소소한 기쁨을 찾는 과정이 될 수 있다.

싱글 라이프, 생활의 기술

싱글 라이프에 대한 답은 없지만 생활의 기술은 있다.

한 평짜리 집의 혼자 사는 가구주나 백 평 집에 사는 대가족의 가구주나 가구주라는 의미에서는 동급이다. 조금 더 능동적이고 효율적으로 생활의 기술을 익혀 나간다면 오늘보다 조금 더 나은 싱글 생활의 재미를 찾을 수 있다.

'혼자서도 잘 해요'라며 스스로를 칭찬하다 보면 자연스레 높아지는 자아 만족도와 삶의 질을 느낄 것이다. 행복은 그렇게 찾을 수 있다.

'언제, 어디서, 무엇을, 어떻게, 왜, 누구와?' 라는 질문에 '혼자'라는 답을 포함시킬 때가 많지만 혼자서도 충분히 행복해질 수 있음을 기억하자.

이 책에 나온 싱글들에게는 공통점이 있었다. 각자의 꿈과 목표는 달라도 그들의 우선 순위는 '내가 원하는 대로 사는 것'이었다. 작지만 온전히 나만의 세상에서 나만의 꿈을 꾸는 이들에게 응원의 메시지를 전하며 앞으로 작지만 옹골찬 1인 가구로 거듭나기를 기대해 본다.

최윤규 지음 | 자기계발 | 236쪽 | 14,000원

왜 그런
생각이 들었을까?

혹시 상상력의 빈곤을 느낀다면,

《왜 그런 생각이 들었을까?》의 아무 쪽이나 펼쳐보라. 카툰을 그리는 저자는 아무리 재미없는 영화도그 속에는 작가의 의도가 있기 때문에 다 의미가 있다고 말한다. 이 책은 인간의 감성을 잘 다루고, 우리가 쉽게 접근할 수 있는 영화에서 그 답을 찾는다. 영화를 보고 느꼈던 작은 질문들을 누구나 쉽게 접하고창의적인 생각 훈련을 해볼 수 있도록 그림과 글로표현하였다.

송진구 지음 | 자기계발 | 에세이 | 328쪽 | 16,000원

떠나라
그래야 보인다

당신은 행복한 인생길을 가고 있는가?

이 책은 국내 최고 명강사 중 한 분인 송진구 교수의
'떠남'에 관한 이야기다. 평소 성공과 희망의 비법을
쉽고 재미있게 논리적으로 풀어내어 답답한 사람들
와 마음을 시원하게 뻥 뚫어주었던 그는 이 책을 통
하여 지금까지 했던 이야기와는 또 다른 차원의 성공
과 희망 비밀을 파헤쳐준다. 그것은 떠남을 통하여 깨
달은 성공적 인생길 완주에 관한 비법이다.
여행길은 마치 인생길에 비유할 수 있다. 여행에서 겪
는 경험 또한 인생길에서 겪는 경험에 비유할 수 있
다. 따라서 여행길은 인생길의 축소판! 송진구 교수는
이처럼 떠남에서 배운 지식과 철학을 인생길에 접목
하여, 지금의 어려움에서 벗어나는 비밀은 물론 인생
길 성공의 비법을 제시한다.

김병덕 지음 | 인문 역사 | 352쪽 | 15,800원

밥상 위의 한국사

미처 알지 못했던 먹을거리에 담긴
역사 이야기

사람이 살아가는 데 먹는 문제보다 더 중요한 것이
있을까? 근대 민주주의의 기초를 이룬 사건 중 하나
인 프랑스대혁명도 작은 '빵' 때문에 일어난 것을 보
면, 먹는 문제가 얼마나 중요한지 실감할 수 있다.
이 책은 우리나라 사람들의 주식主食인 밥부터 즐겨
먹는 술·떡·김치·차 등과 만병통치약으로 알려진 우
황청심환에 이르기까지 우리 한민족과 떼려야 뗄 수
없는 대표적인 먹을거리 32가지를 다루면서, 그것과
관련된 역사적 사건까지 서술하였다. 사람이 살아가
는 데 필수적인 의식주 그중에서도 가장 중요한 음
식의 유래를 비롯하여, 그것과 관련된 역사적 사건까
지 서술함으로써 단편적인 역사에 고친 먹을거리에
다양한 역사가 담겨 있음을 알려주고 있다.